建筑工程设计专业图库

动力专业

上海现代建筑设计（集团）有限公司　编

中国建筑工业出版社

图书在版编目(CIP)数据

上海现代建筑设计（集团）有限公司建筑工程设计专
业图库. 动力专业／ 上海现代建筑设计（集团）有限公
司编． －北京：中国建筑工业出版社， 2006
　ISBN 7-112-08645-0

I.上...　　II.上...　　III.①建筑设计－图集②房屋
建筑设备－动力工程－建筑设计－图集　　IV.①TU206
②TU8-64

中国版本图书馆 CIP 数据核字(2006)第106379号

责任编辑：徐纺　　邓卫

上海现代建筑设计（集团）有限公司建筑工程设计专业图库　动力专业

上海现代建筑设计（集团）有限公司 编
*
中国建筑工业出版社出版、发行 (北京西郊百万庄)
新华书店经销
上海恒美印务有限公司制版
北京中科印刷有限公司印刷
*
开本：889毫米×1194毫米　1/16　印张：13　字数：412千字
2006年12月第一版　2006年12月第一次印刷
印数：1-5000册　定价：102.00元
ISBN 7-112-08645-0
　　　(15309)

编制委员会

主　　任：盛昭俊

副 主 任：高承勇　黄磊　杨联萍　田炜

成　　员：建　筑：许一凡　舒薇蔷　范太珍　傅彬　王文治　马骞（技术中心）

　　　　　结　构：顾嗣淳　李亚明　陈绩明　王平山　邱枕戈　唐维新　冯芝粹

　　　　　　　　　沈海良　余梦麟　蔡慈红　周春　陆余年　梁继恒（上海院）

　　　　　给排水：余勇（现代都市）徐燕（技术中心）

　　　　　暖　通：寿炜炜　张静波（上海院）郦业（技术中心）

　　　　　电　气：高坚榕（现代华盖）李玉劲（现代都市）谭密　王兰（技术中心）

　　　　　动　力：刘毅　钱翠雯（华东院）崔岚（技术中心）

执行主编：许一凡

执行编辑：王文治

档案资料：向临勇　张俊　葛伟长

装帧设计：上海唯品艺术设计有限公司

动力专业
Dynamics

集团技术负责人：　　　盛昭俊　高承勇

技术审定人（技委会）：寿炜炜

分册主编：　　　　　　刘毅

分册副主编：　　　　　钱翠雯　毛雅芳　柯宗文

编制成员：　　　　　　吕宁　崔岚　韩国海

　　　　　　　　　　　王宜玮　虞晴芳　王宇虹

前言

从上世纪90年代中期开始，我国进入了基本建设的高速发展期，中国已成为世界最大的建筑工程设计市场。作为国内建筑工程设计的龙头企业，上海现代建筑工程设计（集团）有限公司（以下简称"集团"），十年多以来承接了上海及全国各地数千项建筑工程项目，许多工程项目建成后，不仅成为该工程项目所在地区的标志性建筑，而且还充分代表了当今中国乃至世界建筑技术的最高水平。在前所未有的建设大潮下，集团的建筑工程设计水平得到空前的提高，同时也受到前所未有的挑战，真所谓：机遇与挑战并存。

集团领导居安思危，为了提高集团建筑工程设计效率和水平，控制设计质量，做好技术积累总结工作，实现集团工程设计的资源共享，从而进一步提高集团建筑工程设计的综合竞争力，于2003年下半年决定由集团组织各专业的专家组成编制组，开始编制《建筑工程设计专业图库》。

编制组汇集了集团近十年来完成的几百项大中型建筑工程项目中万余个各专业实用的节点详图、系统图和参考图，通过大量的筛选、修改、优化等编制工作，不断听取各专业设计人员的意见及建议，并经过了集团技术委员会反复评审，几易其稿，于2006年3月完成了第一版的编制工作并通过了专家组的评审。

《建筑工程设计专业图库》的编制采用了现行的国家规范和标准，涵盖建筑、结构、给排水、暖通、电气、动力等六个设计专业，取材于许多已建成的重大工程项目，具有一定的实用性和典型性，适用于各类民用建筑的施工图设计。编制组为了使之更具代表性，结构、动力、暖通、电气专业引用了部分国标图集。

《建筑工程设计专业图库》的出版，集中反映了集团十多年来在建筑工程设计实践中所积累的技术和成果，也体现出编制人员的无私奉献的精神和聪明卓越的才智。评审委员会认为《建筑工程设计专业图库》不仅是集团建筑工程设计技术的积累和提高，而且对提高设计效率和水平、控制设计质量将有极大帮助，具有很好的参考意义，是建筑工程设计人员从事施工图设计的好助手。

《建筑工程设计专业图库》是供建筑工程施工图设计参考的资料性图库，其编制工作是一项长期的基础性技术工作，也是设计技术逐步积累和提高的过程。《建筑工程设计专业图库》的第一版，重点还只能满足量大面广的基础性设计的需求，随着日新月异的建筑设计技术的发展，还必须不断地更新、修改、充实和完善。《建筑工程设计专业图库》的成功与否，关键在于其内容是否实用，是否符合建筑设计的需求。为此，编制组希望《建筑工程设计专业图库》在推广应用的基础上，能充分得到国内同行的批评指正，吸取广大建筑工程设计的意见，以便不断地积累和完善，同时也能不断体现出设计和施工的最新技术，进一步提高新版本的水平及参考价值。

为了更好地让《建筑工程设计专业图库》被广大设计人员应用，编制组在编制的同时，推出了相应的使用软件，所有图形都有基于AutoCAD软件的DWG文件，编制组为了规范和统一集团的CAD应用标准，提高CAD应用水平，所有DWG文件都是按照集团《工程设计CAD制图标准》编制，并配套开发了检索软件，软件采用先进的软件技术和良好的用户界面，设计人员可在AutoCAD环境下，通过图形菜单方便地检索到所需的图形文件，供设计人员直接调用。同时，《建筑工程设计专业图库》的推广应用可以为设计院建立一个工程设计的技术交流平台，在这个平台上，《建筑工程设计专业图库》的内容可以不断地被设计人员充实、更新、完善，更有利于建筑设计技术的不断积累和提高。

几点说明：

1. 《建筑工程设计专业图库》中的节点详图、系统图和参考图，取材于实际工程的施工图，其优点是源自工程，具有很强的参考性和实用性，缺点是由于项目的特殊性，详图缺乏一定的通用性，不一定适用于其他项目。因此，《建筑工程设计专业图库》不是标准图集，其定位是建筑工程设计实用的参考图库，设计人员务必要根据工程项目的条件、要求和特点参考选用，绝对不能盲目调用。作为工程设计的参考图集，《建筑工程设计专业图库》不承担工程设计人员因调用本图集而引起的任何责任。

2. 《建筑工程设计专业图库》取材于上海现代建筑设计（集团）有限公司完成的工程项目，其中的图集有可能不适合其他地区的工程设计，图纸的表达方式也可能与其他地区存在一定的差异。

3. 由于编制人员的水平有限，各专业存在内容不系统和不全面的问题，也存在各专业不平衡、部分内容不适用、参考价值不高的情况。

值此《建筑工程设计专业图库》出版之际，谨向所有关心、支持本书编写工作的集团及各子分公司的领导、各专业总师和设计人员，尤其是负责评审的集团技术委员会所有为此发扬无私奉献精神、付出辛勤工作的专家，在此表示最诚挚的谢意。

《建筑工程设计专业图库》编制委员会
2006年10月18日

动力专业
Dynamics

建筑工程设计专业图库

3 室内支架安装图

4 常用设备图库

4.9 压缩空气后处理设备

建筑工程设计专业图库

图 例

符号	说明	符号	说明	符号	说明	符号	说明
S	饱和蒸汽管	HO	重油供油管		水表		自力式三通调节阀
OS	过热蒸汽管	HOR	重油回油管		阻火器		自力式二通调节阀
SS	二次蒸汽管	DO1	注油管		消声器		阀阀(按规定表示连接号)
TS	伴热蒸汽管	DD	排油管		法兰盖		截止阀
SC	凝结水管	OX	氧气管		漏斗排水		球阀
W	上水管	LOX	液氧管		地漏排水		柱塞阀
SW	软化水管	N	氮气管		明沟排水		快开阀
DW	除氧水管	LN	液氮管		Y型汽/水过滤器		蝶阀
BFW	锅炉给水管	HY	氢气管		疏水器		平衡阀
CP	循环管	VP	真空管	STS	疏水器阀组		底阀
SY	加药管	VOX	氧气放空管	PRV	减压阀组		旋塞阀
SA	盐溶液管	VH	氢气放空管		减压阀(左高右底)		止回阀
CB	连续排污管	VN	氮气放空管		压力表		调节、止回、关断阀
PB	定期排污管	N₂O	氧化亚氮管		温度计		电磁阀
D	排水管	Ar	氩气管	F	流量传感器		电动双位阀
OF	溢水(油)管			T	温度传感器		电动双位蝶阀
DH	热水供水管			H	湿度传感器		电动二通调节阀
DHR	热水回水管		螺纹堵头	P	压力传感器		电动三通调节阀
MU	补水管		爆破膜	S	烟感器		电动调节蝶阀
EXP	膨胀水管		活动弹性支架	FS	流量开关		气动二通调节阀
V	放空管		活动弹性吊架		压差传感器		气动三通调节阀
SV	安全阀放空管		固定支架	C	控制器		气动调节蝶阀
G	煤气管		导向管架		煤气泄漏报警器		自动排气阀
NG	天然气管		活动管架		手摇泵		放气阀
VG	煤气放空管		介质流向		波形补偿器		安全阀
VNG	天然气放空管		管道坡度		套管补偿器		角阀
PG	气态丙烷管(液化石油气)		快速接头		金属软管		放空管(排入大气)
LPG	液态丙烷管(液化石油气)		防雨罩		橡胶软接管		浮球阀
CA	压缩空气管		同心变径管		直通型或反冲式(除污器)		
CCA	净化压缩空气管		偏心变径管		除垢仪		向上弯头
SUA	吸气管		活接头		水泵		向下弯头
DO	柴油供油管			F.M	流量计		上出三通
DOR	柴油回油管			E.M	能量计		下出三通

注: 同种介质不同压力管道,采用在符号右下角标数字区分的办法.

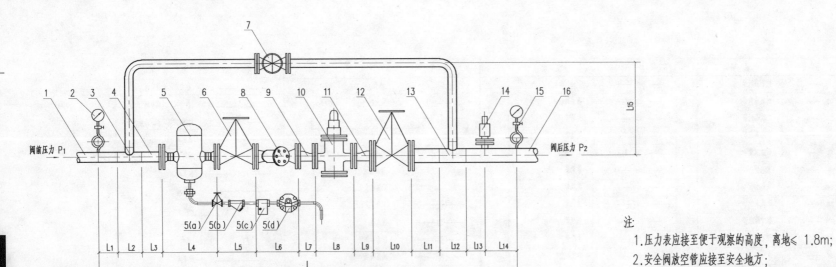

蒸汽减压阀组详图

注：
1. 压力表应接至便于观察的高度，离地≤1.8m；
2. 安全阀放空管应接至安全地方；
3. 本图适用于小于1.6MPa的情况。

减压阀组技术参数表

技术参数　　减压阀组号	减压阀公称通径	饱和蒸汽流量	阀前压力(表压)	阀后压力(表压)	阀前管径	阀后管径	安全阀公称通径	安全阀整定压力
减压阀组								

减压阀组安装尺寸表

长度　　减压阀公称通径	L(mm)	L₁(mm)	L₂(mm)	L₃(mm)	L₄(mm)	L₅(mm)	L₆(mm)	L₇(mm)	L₈(mm)	L₉(mm)	L₁₀(mm)	L₁₁(mm)	L₁₂(mm)	L₁₃(mm)	L₁₄(mm)	L₁₅(mm)
DN15	2160	200	100	100	350	140	160	80	150	80	140	100	110	200	250	450
DN20	2260	200	110	100	400	150	160	80	160	80	150	100	120	200	250	450
DN25	2405	200	120	100	450	160	175	90	180	90	160	100	130	200	250	450
DN32	2595	200	130	100	525	180	190	90	200	90	180	100	160	200	250	500
DN40	2830	200	160	100	600	200	220	100	220	100	200	100	180	200	250	500
DN50	3140	200	180	100	700	230	240	100	250	100	220	150	220	200	250	500
DN70	3540	200	220	100	800	290	280	110	280	110	290	150	260	200	250	500
DN80	3950	200	260	150	900	310	320	140	320	140	310	150	300	200	250	550
DN100	4320	200	300	150	1000	350	350	150	350	150	350	150	370	200	250	550
DN125	4890	200	370	150	1200	400	400	160	400	160	400	150	450	200	250	650
DN150	5610	200	450	150	1400	480	500	190	450	190	480	150	520	200	250	650
DN200	6360	200	520	150	1600	600	600	210	500	210	600	150	570	200	250	650

件号	图号或标准号	名称及规格		数量	材料	备注
16	GB/T8163-99	无缝钢管	D x	1		
15	Y-150	压力表 0～ MPa		1		
14	A48Y-16C	安全阀	DN--	1		
13	HGJ514-87	无缝三通	DN xDN	1		
12	U41F-16Q	柱塞阀	DN--	1		
11	HGJ514-87	无缝偏心大小头	DN xDN	1		
10	25P型(参考)	减压阀	DN--	1		
9	HGJ514-87	无缝偏心大小头	DN xDN	1		
8	QG-16型	过滤器	DN--	1		
7	U41F-16Q	柱塞阀	DN--	1		
6	U41F-16Q	柱塞阀	DN--	1		
5(d)		疏水阀	DN--	1		
5(c)		观视镜	DN--	1		
5(b)	QG-16型	过滤器	DN--	1		
5(a)	U41F-16Q	柱塞阀	DN--	1		
5		汽水分离器	DN--	1		
4	GB/T8163-99	无缝钢管	D x	1		
3	HGJ514-87	无缝三通	DN xDN	1		
2	Y-150	压力表 0～ MPa		1		
1	GB/T8163-99	无缝钢管	D x	1		

材　料　表

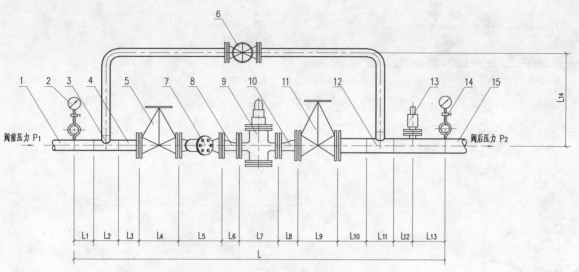

阀前压力 P₁　　　　　　　　　　　　　　　　　　　　　　　阀后压力 P₂

蒸汽减压阀组详图（不含汽水分离器）

注：
1. 压力表应接至便于观察的高度，离地≤1.8m;
2. 安全阀放空管应接至安全地方;
3. 本图适用于小于1.6MPa的情况。

减压阀组技术参数表

技术参数　减压阀组号	减压阀公称通径	饱和蒸汽流量	阀前压力（表压）	阀后压力（表压）	阀前管径	阀后管径	安全阀公称通径	安全阀整定压力
减压阀组								

减压阀组安装尺寸表

减压阀公称通径	L(mm)	L₁(mm)	L₂(mm)	L₃(mm)	L₄(mm)	L₅(mm)	L₆(mm)	L₇(mm)	L₈(mm)	L₉(mm)	L₁₀(mm)	L₁₁(mm)	L₁₂(mm)	L₁₃(mm)	L₁₄(mm)
DN15	2160	200	100	100	140	160	80	150	80	140	100	110	200	250	450
DN20	2260	200	110	100	150	160	80	160	80	150	100	120	200	250	450
DN25	2405	200	120	100	160	175	90	180	90	160	100	130	200	250	450
DN32	2595	200	130	100	180	190	90	200	90	180	100	160	200	250	500
DN40	2830	200	160	100	200	220	100	220	100	200	100	180	200	250	500
DN50	3140	200	180	100	230	240	100	250	100	220	150	220	200	250	500
DN70	3540	200	220	100	290	280	110	280	110	290	150	260	200	250	500
DN80	3950	200	260	150	310	320	140	320	140	310	150	300	200	250	550
DN100	4320	200	300	150	350	350	150	350	150	350	150	370	200	250	550
DN125	4890	200	370	150	400	400	160	400	160	400	150	450	200	250	650
DN150	5610	200	450	150	480	480	190	450	190	480	150	520	200	250	650
DN200	6360	200	520	150	600	600	210	500	210	600	150	570	200	250	650

件号	图号或标准号	名称及规格		数量	材料	备注
15	GB/T8163-99	无缝钢管	D x	1		
14	Y-150	压力表	0~ MPa	1		
13	A48Y-16C	安全阀	DN--	1		
12	HGJ514-87	无缝三通	DN xDN	1		
11	U41F-16Q	柱塞阀	DN--	1		
10	HGJ514-87	无缝偏心大小头	DN xDN	1		
9	25P型（参考）	减压阀	DN--	1		
8	HGJ514-87	无缝偏心大小头	DN xDN	1		
7	QG-16型	过滤器	DN--	1		
6	U41F-16Q	柱塞阀	DN--	1		
5	U41F-16Q	柱塞阀	DN--	1		
4	GB/T8163-99	无缝钢管	D x	1		
3	HGJ514-87	无缝三通	DN xDN	1		
2	Y-150	压力表	0~ MPa	1		
1	GB/T8163-99	无缝钢管	D x	1		

材料表

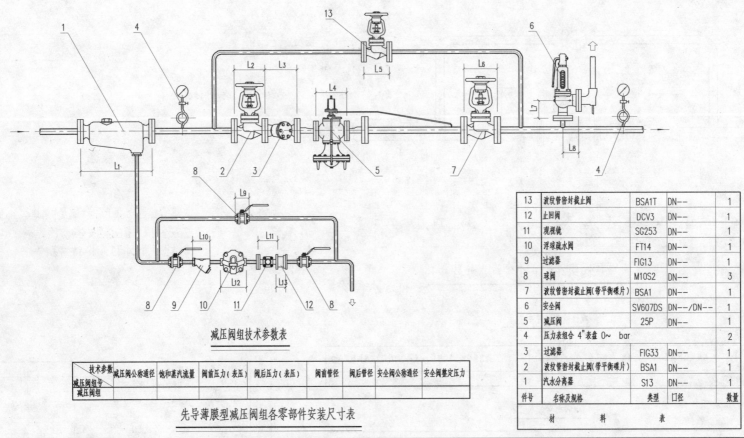

减压阀组技术参数表

件号	名称及规格	类型	口径	数量
13	波纹管密封截止阀	BSA1T	DN--	1
12	止回阀	DCV3	DN--	1
11	观视镜	SG253	DN--	1
10	浮球疏水阀	FT14	DN--	1
9	过滤器	FIG13	DN--	1
8	球阀	M10S2	DN--	3
7	波纹管密封截止阀(带平衡碟片)	BSA1	DN--	1
6	安全阀	SV607DS	DN--/DN--	1
5	减压阀	25P	DN--	1
4	压力表组合 4"表盘 0~ bar			2
3	过滤器	FIG33	DN--	1
2	波纹管密封截止阀(带平衡碟片)	BSA1	DN--	1
1	汽水分离器	S13	DN--	1

材　料　表

先导薄膜型减压阀组各零部件安装尺寸表

技术参数 / 减压阀组号	减压阀公称通径	饱和蒸汽流量	阀前压力(表压)	阀后压力(表压)	阀前管径	阀后管径	安全阀公称通径	安全阀整定压力
减压阀组								

蒸汽先导薄膜型减压阀组详图

汽水分离器公称通径	L1 (mm)	波纹管密封截止阀公称通径	L2、L5、L6 (mm)	过滤器公称通径	L3 (mm)	先导薄膜型减压阀公称通径	L4 (mm)	安全阀公称通径	喉口面积 (mm²)	L7 (mm)	L8 (mm)	球阀公称通径	L9 (mm)	过滤器公称通径	L10 (mm)	观视镜公称通径	L11 (mm)	浮球疏水阀公称通径	L12 (mm)	止回阀公称通径	L13 (mm)
DN15		DN15	130	DN15	130	DN15	150	DN20/32	230	95	85	DN15	63	DN15	79	DN15	130	DN15	121	DN15	16
DN20		DN20	150	DN20	150	DN20	154	DN25/40	445	105	100	DN20	68	DN20	93	DN20	150	DN20	121	DN20	19
DN25		DN25	160	DN25	160	DN25	160	DN32/50	740	115	110	DN25	86	DN25	114	DN25	160	DN25	145	DN25	22
DN32		DN32	180	DN32	180	DN32	--	DN40/65	1140	140	115	DN32	99	DN32	144	DN32	180			DN32	28
DN40	365	DN40	200	DN40	200	DN40	200	DN50/80	1979	150	120	DN40	108	DN40	153	DN40	200			DN40	31.5
DN50	456	DN50	230	DN50	230	DN50	230	DN65/100	2734	170	140	DN50	124	DN50	184	DN50	230			DN50	40
DN65	406	DN65	290	DN65	290	DN65	292	DN80/125	4185	195	160	DN65	152							DN65	46
DN80	483	DN80	310	DN80	310	DN80	317	DN100/150	6504	220	180									DN80	50
DN100	692	DN100	350	DN100	350	DN100	368	DN125/200	8659	250	200									DN100	60
DN125	706	DN125	400	DN125	400	DN125	--	DN150/250	12272	285	225										
DN150	706	DN150	480	DN150	480	DN150	460														
DN200	762	DN200	600	DN200	600	DN200	--														

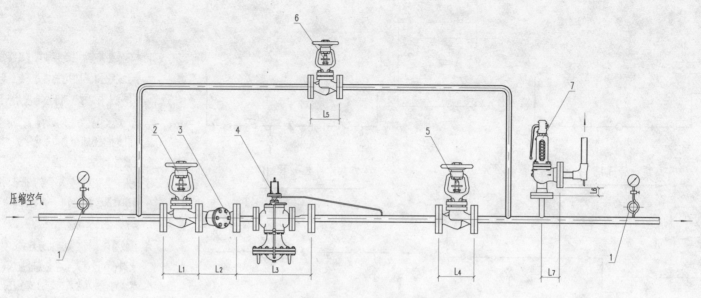

压缩空气

先导薄膜型压缩空气减压阀组详图

先导薄膜型压缩空气减压阀组技术参数表

技术参数　减压阀组号　减压阀组	减压阀公称通径	压缩空气流量	阀前压力（表压）	阀后压力（表压）	阀前管径	阀后管径	安全阀公称通径	安全阀整定压力

先导薄膜型减压阀组各零部件安装尺寸表

波纹管密封截止阀公称通径	L1、L4、L5 (mm)
DN15	130
DN20	150
DN25	160
DN32	180
DN40	200
DN50	230
DN65	290
DN80	310
DN100	350
DN125	400
DN150	480
DN200	600

过滤器公称通径	L2 (mm)
DN15	130
DN20	150
DN25	160
DN32	180
DN40	200
DN50	230
DN65	290
DN80	310
DN100	350
DN125	400
DN150	480
DN200	600

先导薄膜型减压阀公称通径	L3 (mm)
DN15	130
DN20	150
DN25	160
DN32	180
DN40	200
DN50	230

安全阀公称通径	喉口面积 (mm²)	L6 (mm)	L7 (mm)
DN20/32	230	95	85
DN25/40	445	105	100
DN32/50	740	115	110
DN40/65	1140	140	115
DN50/80	1979	150	120
DN65/100	2734	170	140
DN80/125	4185	195	160
DN100/150	6504	220	180
DN125/200	8659	250	200
DN150/250	12272	285	225

件号	名称及规格	类型	口径	数量
7	安全阀	SV607	DN－－/DN－－	1
6	波纹管密封截止阀	BSA1T	DN－－	1
5	波纹管密封截止阀	BSA1	DN－－	1
4	空气减压阀	DP17G	DN－－	1
3	过滤器（100目）	FIG33	DN－－	1
2	波纹管密封截止阀	BSA1	DN－－	1
1	压力表组合 4″表盘 0～ bar			2
	材　料　表			

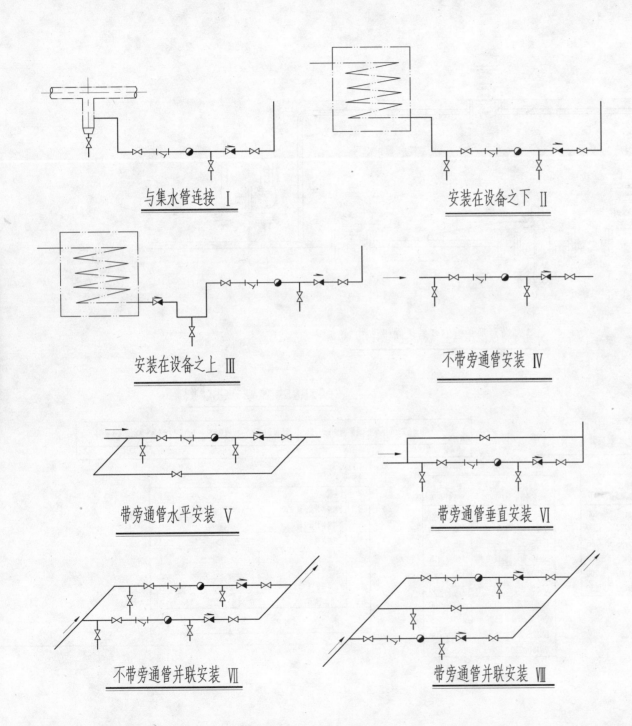

与集水管连接 Ⅰ

安装在设备之下 Ⅱ

安装在设备之上 Ⅲ

不带旁通管安装 Ⅳ

带旁通管水平安装 Ⅴ

带旁通管垂直安装 Ⅵ

不带旁通管并联安装 Ⅶ

带旁通管并联安装 Ⅷ

说明：

1. 本疏水装置有法兰连接和螺纹连接两种形式，适用于公称压力小于或等于1.6MPa的热力系统。但根据目前使用情况，螺纹连接疏水装置建议用于公称压力小于或等于0.4MPa的热力系统，疏水装置允许介质的最高工作温度为200℃.

2. 本图是按1.6MPa热力系统编制，对1.6MPa以下热力系统可根据本图内容作相应改动。

3. 疏水装置有旁通管与不带旁通管两种。必须连续生产，对加热温度有严格要求的生产用热设备需要安装旁通管，其它可根据实际使用情况选用。

4. 机械型疏水阀（如自由浮球式、钟形浮子式）和热动力型疏水阀（如园盘式）在安装时应尽量靠近用热设备；热静力型疏水阀（如双金属式、ST式）在安装时其位置应离开用热设备1m以上的距离。疏水阀应尽可能安装在用热设备凝结水排出口之下。

5. 疏水阀应按产品说明书所规定的安装方位进行安装。

6. 疏水装置安装完成后，需进行水压试验，试验压力与所在管道系统的试验压力相同。

7. 水压试验合格后刷两道防锈漆，一道面漆。

8. 疏水装置应定期进行维修保养及清洗过滤网。

9. 疏水阀使用六个月至一年应大修一次。

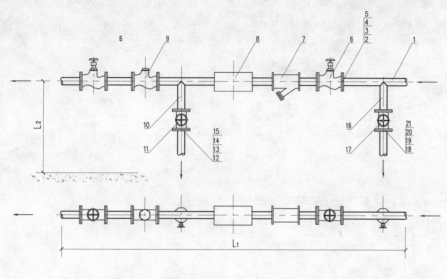

法兰连接疏水阀安装图　PN1.6MPa　DN15~DN40

疏水装置安装尺寸表

		安装尺寸	L₁	L₂	L₁	L₂	L₁	L₂	L₁	L₂	L₁	L₂
	ST式	STC16	1090	>280	1190	>300	1260	>310			1530	>350
法兰连接	双金属式	CS47H-16	1120	>280	1220	>300	1310	>310	1410	>330	1540	>350
	圆盘式	CS49H-16	1090	>280	1190	>300	1260	>310	1390	>330	1530	>350
	钟型浮子式	CS45H-16	1200	>280	1300	>300	1460	>310	1560	>330	1650	>350
	自由浮子式	CS41H-16	1180	>280	1280	>300	1460	>310	1560	>330	1660	>350
	疏水阀类型	公称直径	DN15		DN20		DN25		DN32		DN40	

法兰连接疏水阀安装材料表

件号	型号或标准号	名称	材料	规格 (DN15)	数量	重量(kg)	规格 (DN20)	数量	重量(kg)	规格 (DN25)	数量	重量(kg)	规格 (DN32)	数量	重量(kg)	规格 (DN40)	数量	重量(kg)	备注
21	HG20610-97	柔性石墨复合垫		15-16	2		15-16	2		20-16	2		20-16	2		25-16	2		
20	GB/T6170-2000	螺母	Q235-A	M12	8	0.10	M12	8	0.10	M12	8	0.10	M12	8	0.10	M12	8	0.10	
19	GB/T5780-86	螺栓	Q235-A	M12x45	8	0.32	M12x45	8	0.32	M12x50	8	0.36	M12x50	8	0.36	M12x50	8	0.36	
18	GB/T9116.1-2000	凸面带颈平焊法兰	Q235-A	15-16	2	1.42	15-16	2	1.42	20-16	2	1.74	20-16	2	1.74	25-16	2	2.36	
17	J41T-16	法兰截止阀	灰铸铁	DN15	1	2.00	DN15	1	2.00	DN20	1	3.00	DN20	1	3.00	DN25	1	3.70	
16	GB/T8163-99	无缝钢管	10	D18x3,L=100		0.11	D18x3,L=100		0.11	D25x3,L=100		0.16	D25x3,L=100		0.16	D32x3.5,L=100		0.25	
15	HG20610-97	柔性石墨复合垫		15-16	2		15-16	2		20-16	2		20-16	2		20-16	2		
14	GB/T6170-2000	螺母	Q235-A	M12	8	0.10	M12	8	0.10	M12	8	0.10	M12	8	0.10	M12	8	0.10	
13	GB/T5780-86	螺栓	Q235-A	M12x45	8	0.32	M12x45	8	0.32	M12x50	8	0.36	M12x50	8	0.36	M12x50	8	0.36	
12	GB/T9116.1-2000	凸面带颈平焊法兰	Q235-A	15-16	2	1.42	15-16	2	1.42	20-16	2	1.74	20-16	2	1.74	20-16	2	1.74	
11	J41T-16	法兰截止阀	灰铸铁	DN15	1	2.00	DN15	1	2.00	DN20	1	3.00	DN20	1	3.00	DN20	1	3.00	
10	GB/T8163-99	无缝钢管	10	D18x3,L=100		0.11	D18x3,L=100		0.11	D25x3,L=100		0.16	D25x3,L=100		0.16	D25x3,L=100		0.16	
9	H41T-16	升降式止回阀	灰铸铁	DN15	1	2.00	DN20	1	3.00	DN25	1	4.00	DN32	1	7.00	DN40	1	10.0	
8		疏水阀	钢制	DN15	1		DN20	1		DN25	1		DN32	1		DN40	1		型号见安装尺寸表
7		过滤器	灰铸铁	DN15	1		DN20	1		DN25	1		DN32	1		DN40	1		型号由设计选用
6	J41T-16	法兰截止阀	灰铸铁	DN15	2	4.00	DN20	2	6.00	DN25	2	7.40	DN32	2	12.40	DN40	2	15.0	
5	HG20610-97	柔性石墨复合垫		15-16	10		20-16	10		25-16	10		32-16	10		40-16	10		
4	GB/T6170-2000	螺母	Q235-A	M12	40	0.48	M12	40	0.48	M12	40	0.48	M16	40	1.16	M16	40	1.16	
3	GB/T5780-86	螺栓	Q235-A	M12x45	40	1.62	M12x50	40	1.80	M12x50	40	1.80	M16x55	40	3.78	M16x55	40	3.78	
2	GB/T9116.1-2000	凸面带颈平焊法兰	Q235-A	15-16	10	7.10	20-16	10	8.70	25-16	10	11.8	32-16	10	16.0	40-16	10	16.0	
1	GB/T8163-99	无缝钢管	10	D18x3,L=420		0.47	D25x3,L=440		0.72	D32x3.5,L=460		1.13	D38x3.5,L=480		1.43	D45x3.5,L=500		1.79	L凝,i范围内各段之和
件号	型号或标准号	名称	材料	规格	数量	重量(kg)	规格	数量	重量(kg)	规格	数量	重量(kg)	规格	数量	重量(kg)	规格	数量	重量(kg)	备注
公称直径				DN15			DN20			DN25			DN32			DN40			

建筑工程设计专业图库

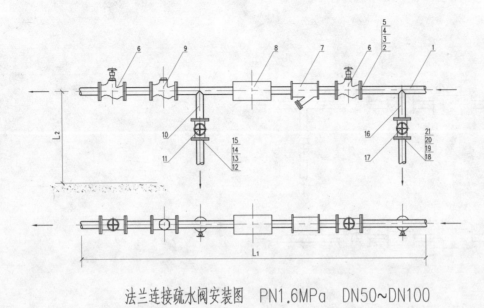

法兰连接疏水阀安装图　PN1.6MPa　DN50~DN100

法兰连接疏水阀安装材料表

疏水装置安装尺寸表

法兰连接	ST式	STC16	1680	≥380		2110	≥460	2300	≥500
	双金属式	CS47H-16	1720	≥380				
	圆盘式	CS49H-16	1680	≥380				
	钟型浮子式	CS45H-16	1800	≥380				
	自由浮子式	CS41H-16	1810	≥380	2100		≥440	2240	≥460	2430	≥500
疏水阀类型	安装尺寸		L₁	L₂	L₁	L₂	L₁	L₂	L₁	L₂
公称直径			DN50		DN65		DN80		DN100

件号	型号或标准号	名称	材料	规格	数量	重量(kg)	规格	数量	重量(kg)	规格	数量	重量(kg)	规格	数量	重量(kg)	备注
21	HG20610-97	柔性石墨复合垫		32-16	2		32-16	2		40-16	2		40-16	2		
20	GB/T6170-2000	螺母	Q235-A	M16	8	0.23	M16	8	0.23	M16	8	0.23	M16	8	0.23	
19	GB/T5780-86	螺栓	Q235-A	M16x55	8	0.76	M16x55	8	0.76	M16x55	8	0.76	M16x55	8	0.76	
18	GB/T9116.1-2000	凸面带颈平焊法兰	Q235-A	32-16	2	3.20	32-16	2	3.20	40-16	2	4.00	40-16	2	4.00	
17	J41T-16	法兰截止阀	灰铸铁	DN32	1	6.20	DN32	1	6.20	DN40	1	8.20	DN40	1	8.20	
16	GB/T8163-99	无缝钢管	10	D38x3.5,L=100		0.30	D38x3.5,L=100		0.30	D45x3.5,L=100		0.36	D45x3.5,L=100		0.36	
15	HG20610-97	柔性石墨复合垫		20-16	2		20-16	2		20-16	2		20-16	2		
14	GB/T6170-2000	螺母	Q235-A	M12	8	0.10	M12	8	0.10	M12	8	0.10	M12	8	0.10	
13	GB/T5780-86	螺栓	Q235-A	M12x50	8	0.36	M12x50	8	0.36	M12x50	8	0.36	M12x50	8	0.36	
12	GB/T9116.1-2000	凸面带颈平焊法兰	Q235-A	20-16	2	1.74	20-16	2	1.74	20-16	2	1.74	20-16	2	1.74	
11	J41T-16	法兰截止阀	灰铸铁	DN20	1	3.00	DN20	1	3.00	DN20	1	3.00	DN20	1	3.00	
10	GB/T8163-99	无缝钢管	10	D25x3,L=100		0.16	D25x3,L=100		0.16	D25x3,L=100		0.16	D25x3,L=100		0.16	
9	H41T-16	升降式止回阀	灰铸铁	DN50	1	12.0	DN65	1	20.0	DN80	1	25.0	DN100	1	40.0	
8		疏水阀	灰铸铁	DN50	1		DN65	1		DN80	1		DN100	1		型号见安装尺寸表
7		过滤器	灰铸铁	DN50	1	12.0	DN65	1		DN80	1		DN100	1		型号由设计选用
6	Z41H-16 / J41H-16	闸阀	灰铸铁	DN50	2	22.0	DN65	2	80.0	DN80	2	120	DN100	2	160	
5	HG20610-97	柔性石墨复合垫		50-16	10		65-16	10		80-16	10		100-16	10		
4	GB/T6170-2000	螺母	Q235-A	M16	40	1.16	M16	40	1.16	M16	80	2.32	M16	80	2.32	
3	GB/T5780-86	螺栓	Q235-A	M16x60	40	4.13	M16x60	40	4.13	M16x65	80	8.94	M16x70	80	9.64	
2	GB/T9116.1-2000	凸面带颈平焊法兰	Q235-A	50-16	10	26.1	65-16	10	34.5	80-16	10	37.1	100-16	10	48.0	
1	GB/T8163-99	无缝钢管	10	D57x3.5,L=530		3.84	D76x4,L=560		3.84	D89x4,L=590		4.94	D108x4,L=620		6.36	L及L₁范围内各段之和
件号	型号或标准号	名称	材料	规格	数量	重量(kg)	规格	数量	重量(kg)	规格	数量	重量(kg)	规格	数量	重量(kg)	备注
公称直径				DN50			DN65			DN80			DN100			

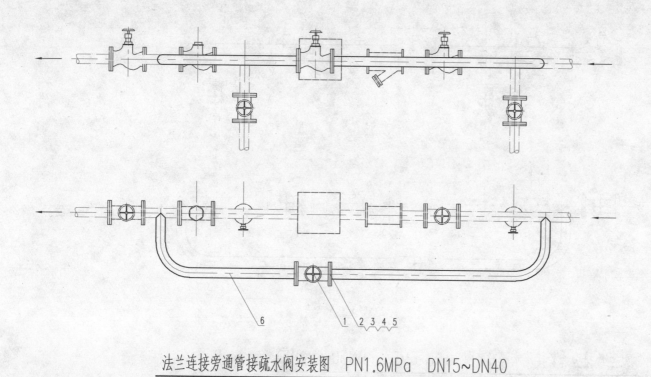

法兰连接旁通管接疏水阀安装图　PN1.6MPa　DN15~DN40

件号	型号或标准号	名称	材料	规格	数量	重量(kg)	规格	数量	重量(kg)	规格	数量	重量(kg)	规格	数量	重量(kg)	规格	数量	重量(kg)
6	GB/T8163-99	无缝钢管	10	D18x3			D18x3			D25x3			D32x3.5			D38x3.5		
5	HG20610-97	柔性石墨复合垫		15-16	2		15-16	2		20-16	2		25-16	2		32-16	2	
4	GB/T6170-2000	螺母	Q235-A	M12	8	0.10	M12	8	0.10	M12	8	0.10	M12	8	0.10	M16	8	0.23
3	GB/T5780-86	螺栓	Q235-A	M12x45	8	0.32	M12x45	8	0.32	M12x50	8	0.54	M12x50	8	0.36	M16x55	8	0.76
2	GB/T9116.1-2000	凸面带颈平焊法兰	Q235-A	15-16	2	1.42	15-16	2	1.42	20-16	2	1.74	25-16	2	2.36	32-16	2	3.20
1	J41T-16	法兰截止阀	灰铸铁	DN15	1	2.00	DN15	1	2.00	DN20	1	3.00	DN25	1	3.70	DN32	1	6.20
	公称直径			DN15			DN20			DN25			DN32			DN40		

明　细　表

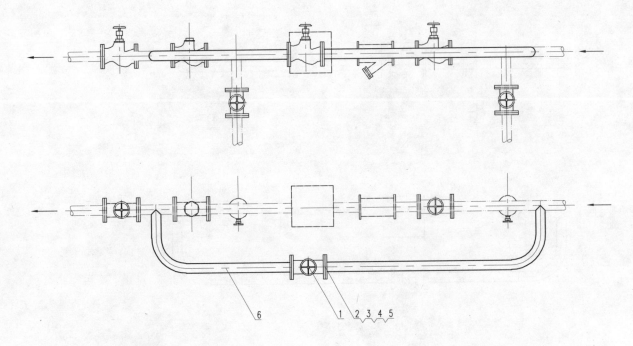

法兰连接旁通管接疏水阀安装图　PN1.6MPa　DN50~DN100

件号	型号或标准号	名称	材料	规格	数量	重量(kg)	规格	数量	重量(kg)	规格	数量	重量(kg)	规格	数量	重量(kg)
6	GB/T8163-99	无缝钢管	10	D45x3.5			D57x3.5			D76x4			D89x4		
5	HG20610-97	柔性石墨复合垫		40-16	2		50-16	2		65-16	2		80-16	2	
4	GB/T6170-2000	螺母	Q235-A	M16	8	0.23	M16	8	0.23	M16	8	0.23	M16	16	0.46
3	GB/T5780-86	螺栓	Q235-A	M16x55	8	0.76	M16x60	8	0.83	M16x60	8	0.83	M16x65	16	1.79
2	GB/T9116.1-2000	凸面带颈平焊法兰	Q235-A	40-16	2	4.00	50-16	2	5.22	65-16	2	6.90	80-16	2	7.42
1	Z41H-16	闸阀	灰铸铁							DN65		40.0	DN80		60.0
	J41T-16	法兰截止阀	灰铸铁	DN40	1	7.50	DN50	1	11.0		1			1	
公称直径				DN50			DN65			DN80			DN100		
明　细　表															

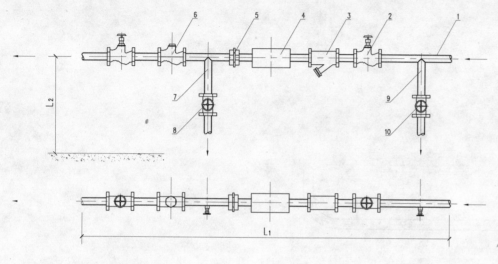

螺纹连接疏水阀安装图　PN1.6MPa　DN15~DN50

疏水装置安装尺寸表

螺纹连接	ST式	STB16	1380	≥240	1440	≥250	1570	≥270			1830	≥320	1970	≥350
	双金属式	CS17H-16	1380	≥240	1440	≥250	1570	≥270	1690	≥290	1830	≥320	1970	≥350
	回盘式	CS19H-16	1380	≥240	1440	≥250	1570	≥270	1690	≥290	1830	≥320	1970	≥350
	钟型浮子式	CS15H-16	1430	≥240	1490	≥250	1600	≥270	1710	≥290	1850	≥320	1970	≥350
	自由浮子式	CS11H-16	1440	≥240	1490	≥250	1620	≥270	1820	≥290	1960	≥320	2110	≥350
疏水阀类型 安装尺寸	公称直径		L_1	L_2	L_1	L_2	L_1	L_2	L_1	L_2	L_1	L_2	L_1	L_2
			DN15		DN20		DN25		DN32		DN40		DN50	

螺纹连接疏水阀安装材料表

件号	型号或标准号	名称	材料	规格	数量	重量(kg)	规格	数量	重量(kg)	规格	数量	重量(kg)	规格	数量	重量(kg)	规格	数量	重量(kg)	备注
10	J11T-16	内螺纹截止阀	灰铸铁	DN15	1	0.70	DN15	1	0.70	DN15	1	0.70	DN25	1	1.70	DN32	1	2.70	
9	GB3092-82	低压流体输送焊接钢管	Q235-A	DN15,L=100		0.13	DN15,L=100		0.13	DN15,L=100		0.13	DN25,L=100		0.24	DN32,L=100		0.31	
8	J11T-16	内螺纹截止阀	灰铸铁	DN15	1	0.70	DN15	1	0.70	DN15	1	0.70	DN15	1	0.70	DN15	1	0.70	型号见安装尺寸表
7	GB3092-82	低压流体输送焊接钢管	Q235-A	DN15,L=100		0.13	DN15,L=100		0.13	DN15,L=100		0.13	DN15,L=100		0.13	DN15,L=100		0.13	型号由设计选用
6	H11T-16	升降式回阀	灰铸铁	DN15	1	0.60	DN20	1	0.80	DN25	1	1.40	DN40	1	2.60	DN50	1	4.00	
5	GB3289.38-82	锥形活接头	可锻铸铁	DN15	1	0.25	DN20	1	0.32	DN25	1	0.38	DN40	1	2.60	DN50	1	1.31	
4		疏水阀	铸钢	DN15	1		DN20	1		DN25	1		DN40	1		DN50	1		
3		过滤器	灰铸铁	DN15	1		DN20	1		DN25	1		DN40	1		DN50	1		
2	J11T-16	内螺纹截止阀	灰铸铁	DN15	2	1.40	DN20	2	2.60	DN25	2	3.40	DN40	2	7.60	DN50	2	12.0	
1	GB3092-82	低压流体输送焊接钢管	Q235-A	DN15,L=980		1.23	DN20,L=1010		1.65	DN25,L=1050		2.54	DN40,L=1110		4.26	DN50,L=1150		5.61	L及L_1范围内各段之和
公称直径				DN15			DN20			DN25			DN40			DN50			

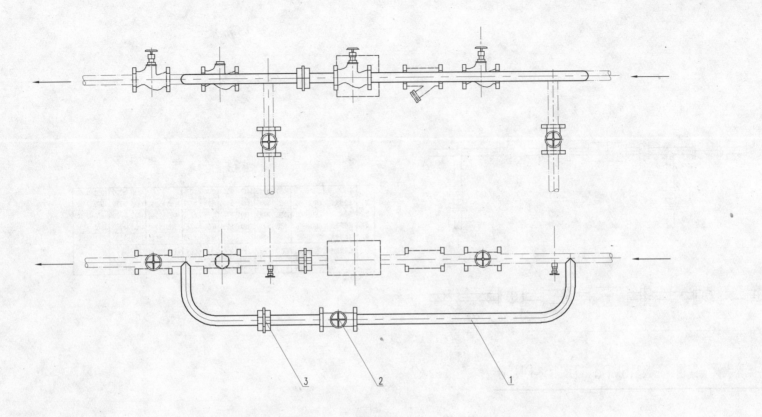

螺纹连接旁通管接疏水阀安装图　PN1.6MPa　DN15~DN50

件号	型号或标准号	名称	材料	规格	数量	重量(kg)	规格	数量	重量(kg)	规格	数量	重量(kg)	规格	数量	重量(kg)	规格	数量	重量(kg)	规格	数量	重量(kg)	备注
3	GB3289.38-82	锥形活接头	可锻铸铁	DN15	1	0.25	DN15	1	0.25	DN20	1	0.32	DN25	1	0.38	DN32	1	0.65	DN40	1	0.75	
2	J11T-16	内螺纹截止阀	灰铸铁		1	0.70	DN15	1	0.70	DN20	1	1.30	DN25	1	1.70	DN32	1	2.70	DN40	1	3.80	
1	GB3092-82	低压流体输送焊接钢管	Q235-A	DN15			DN15			DN20			DN25			DN32			DN40			
	公称直径			DN15			DN20			DN25			DN32			DN40			DN50			

明　细　表

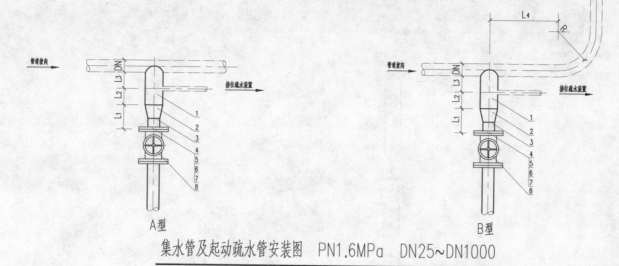

A型　　　　B型

集水管及起动疏水管安装图　PN1.6MPa　DN25～DN1000

安装尺寸(mm)																					
L4	160	200	230	230	230	230	250	280	300	375	380	400	450	475	500	550	600	700	800	900	1000
L3	100	100	100	100	100	100	100	120	120	120	120	120	120	120	120	120	120	120	120	120	120
L2	50	50	50	50	50	50	50	60	60	60	60	60	60	60	80	80	80	80	80	80	80
L1	120	120	130	130	140	140	150	150	160	160	180	200	220	220	250	250	250	280	280	410	410
管道公称直径 DN	25	32	40	50	65	80	100	125	150	200	250	300	350	400	450	500	600	700	800	900	1000

材料表（DN350,400～DN900）

件号	型号或标准号	名称	材料	DN350,400 规格	数量	重量(kg)	DN450 规格	数量	重量(kg)	DN500 规格	数量	重量(kg)	DN600 规格	数量	重量(kg)	DN700 规格	数量	重量(kg)	DN800 规格	数量	重量(kg)	DN900 规格	数量	重量(kg)	DN900 规格	数量	重量(kg)	备注
8	Z41H-16 / J41T-16	闸阀 法兰截止阀	灰铸铁	DN80	1	60.0	DN100	1	80.0	DN100	1	80.0	DN100	1	80.0	DN150	1	150	DN150	1	150	DN200	1	200	DN200	1	200	
7	HG20610-97	柔性石墨复合垫		80-16	2		100-16	2		100-16	2		100-16	2		150-16	2		150-16	2		200-16	2		200-16	2		
6	GB/T6170-2000	螺母	Q235-A	M16	16	0.46	M16	16	0.46	M16	16	0.46	M16	16	0.46	M20	16	0.82	M20	16	0.82	M20	24	1.23	M20	24	1.23	
5	GB/T5780-86	螺栓	Q235-A	M16x65	16	1.79	M16x70	16	1.93	M16x70	16	1.93	M16x70	16	1.93	M20x80	16	3.61	M20x80	16	3.61	M20x80	24	5.41	M20x80	24	5.41	
4	GB/T9116.1-2000	凸面带颈平焊法兰	Q235-A	80-16	2	7.42	100-16	2	9.60	100-16	2	9.60	100-16	2	9.60	150-16	2	15.8	150-16	2	15.8	200-16	2	20.2	200-16	2	20.2	
3	GB/T8163-99	无缝钢管	10	D89x4 L=62		0.52	D108x4 L=66		0.68	D108x4 L=66		0.68	D108x4 L=66		0.68	D159x5 L=71		1.22	D159x5 L=72		1.22	D219x6 L=72		2.27	D219x6 L=72		2.27	
2		异径管	Q235-A	DN200X80 L=152			DN250X100 L=178			DN250X100 L=178			DN250X100 L=178			DN300X150 L=203			DN300X150 L=203			DN350X200 L=330			DN350X200 L=330			现场制作
1	GB/T8163-99	无缝钢管	10	D219x6 L=216		6.81	D273x8 L=243		12.7	D273x8 L=238		12.4	D273x8 L=232		12.1	D325x8 L=234		14.9	D325x8 L=234		14.6	D377x9 L=237		19.7	D377x9 L=241		19.4	
件号	型号或标准号	名称	材料	公称直径																								备注

材料表（DN25～DN300）

件号	型号或标准号	名称	材料	DN25 规格	数量	重量(kg)	DN32 规格	数量	重量(kg)	DN40 规格	数量	重量(kg)	DN50 规格	数量	重量(kg)	DN65,80 规格	数量	重量(kg)	DN100,125 规格	数量	重量(kg)	DN150 规格	数量	重量(kg)	DN200 规格	数量	重量(kg)	DN250 规格	数量	重量(kg)	DN300 规格	数量	重量(kg)	备注
8	Z41H-16 / J41T-16	闸阀 法兰截止阀	灰铸铁	DN20	1	3.00	DN25	1	3.70	DN25	1	3.70	DN25	1	3.70	DN25	1	3.70	DN25	1	3.70	DN40	1	7.50	DN50	1	11.0	DN50	1	11.0	DN50	1	11.0	
7	HG20610-97	柔性石墨复合垫		20-16	2		25-16	2		25-16	2		25-16	2		25-16	2		25-16	2		40-16	2		50-16	2		50-16	2		50-16	2		
6	GB/T6170-2000	螺母	Q235-A	M12	8	0.10	M12	8	0.10	M12	8	0.10	M12	8	0.10	M12	8	0.10	M12	8	0.10	M16	8	0.23	M16	8	0.23	M16	8	0.23	M16	8	0.23	
5	GB/T5780-86	螺栓	Q235-A	M12x50	8	0.36	M12x50	8	0.36	M12x50	8	0.36	M12x50	8	0.36	M12x50	8	0.36	M12x50	8	0.36	M16x55	8	0.76	M16x60	8	0.83	M16x60	8	0.83	M16x60	8	0.83	
4	GB/T9116.1-2000	凸面带颈平焊法兰	Q235-A	20-16	2	1.74	25-16	2	2.36	25-16	2	2.36	25-16	2	2.36	25-16	2	2.36	25-16	2	2.36	40-16	2	4.00	50-16	2	5.22	50-16	2	5.22	50-16	2	5.22	
3	GB/T8163-99	无缝钢管	10	D25x3 L=86		0.14	D32x3.5 L=85		0.21	D32x3.5 L=85		0.21	D32x3.5 L=65		0.16	D32x3.5 L=39		0.09	D32x3.5 L=49		0.12	D45x3.5 L=47		0.17	D57x3.5 L=53		0.24	D57x3.5 L=55		0.22	D57x3.5 L=55		0.25	
2		异径管	Q235-A	DN25X20 L=30			DN32X25 L=30			DN40X25			DN50X25 L=40			DN65X25 L=60			DN80X32			DN100X40 L=108			DN100X50 L=102			DN125X50 L=127			DN150X50 L=140			现场制作
1	GB/T8163-99	无缝钢管	10	D32x3.5 L=156		0.38	D38x3.5 L=156		0.46	D45x3.5 L=156		0.56	D57x3.5 L=155		0.72	D76x4 L=154		1.05	D89x4 L=176		1.47	D108x4 L=202		2.07	D108x4 L=195		2.00	D133x3.5 L=198		2.52	D159x4.5 L=201		3.45	
件号	型号或标准号	名称	材料	公称直径																														备注

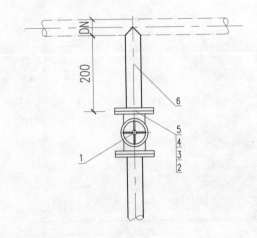

凝结水放水装置　PN1.6MPa　DN25~DN1000

件号	型号或标准号	名称	材料	规格	数量	重量(kg)	规格	数量	重量(kg)	规格	数量	重量(kg)	规格	数量	重量(kg)	规格	数量	重量(kg)	规格	数量	重量(kg)	规格	数量	重量(kg)	规格	数量	重量(kg)
6	GB/T8163-99	无缝钢管	10	D32×3.5 L=220		0.54	D38×3.5 L=220		0.66	φ45×3.5 L=220		0.79	D57×3.5 L=230		1.06	D89×4 L=230		1.93	D108×4 L=230		2.36	D159×4.5 L=230		3.94	D219×6 L=240		7.56
5	HG20610-97	柔性石墨复合垫		25-16	2		32-16	2		40-16	2		50-16	2		80-16	2		100-16	2		150-16	2		200-16	2	
4	GB/T6170-2000	螺母	Q235-A	M12	8	0.10	M16	8	0.23	M16	8	0.23	M16	8	0.23	M16	16	0.46	M16	16	0.46	M20	16	0.82	M20	24	1.23
3	GB/T5780-86	螺栓	Q235-A	M12×50	8	0.36	M16×55	8	0.76	M16×55	8	0.76	M16×60	8	0.83	M16×65	16	1.79	M16×70	16	1.93	M20×80	16	3.61	M20×80	24	5.41
2	GB/T9116.1-2000	凸面带颈平焊法兰	Q235-A	25-16	2	2.36	32-16	2	3.20	40-16	2	4.00	50-16	2	5.22	80-16	2	7.42	100-16	2	9.60	150-16	2	15.8	200-16	2	20.2
1	Z41H-16	法兰闸阀	铸钢													DN80	1	60.0	DN100	1	80.0	DN150	1	150	DN200	1	200
	J41T-16	法兰截止阀	灰铸铁	DN25	1	3.70	DN32	1	3.70	DN40	1	7.50	DN50	1	11.0												
	公称直径			DN25~40			DN50~80			DN100~150			DN200~300			DN350~400			DN450~600			DN700~800			DN900~1000		

明　细　表

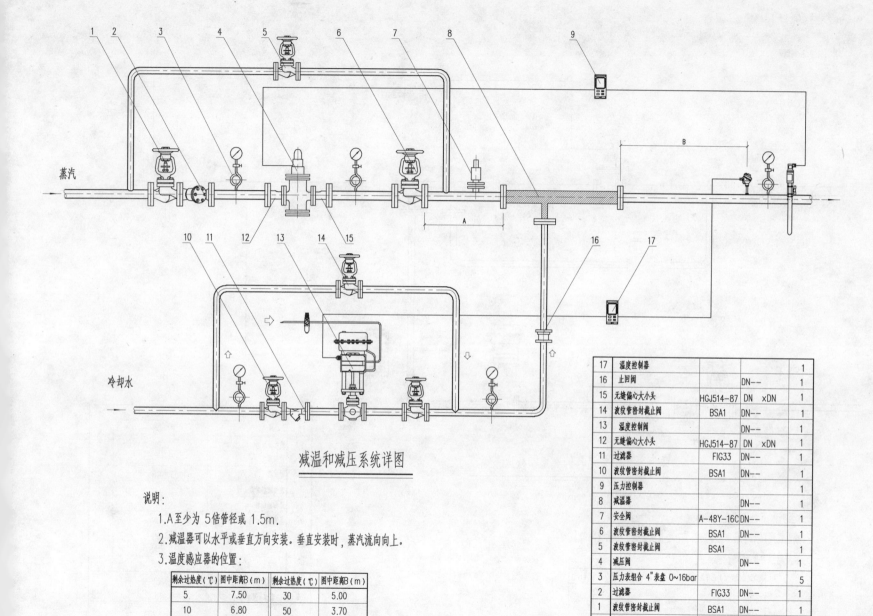

减温和减压系统详图

说明:

1.A至少为5倍管径或1.5m.

2.减温器可以水平或垂直方向安装。垂直安装时,蒸汽流向向上。

3.温度感应器的位置:

剩余过热度(℃)	图中距离B(m)	剩余过热度(℃)	图中距离B(m)
5	7.50	30	5.00
10	6.80	50	3.70
15	6.25	100	2.50

4.为了保护减温器和下游管道设备,在减压阀下游应安装安全阀。

件号	名称及规格	类型	口径	数量
17	温度控制器			1
16	止回阀		DN——	1
15	无缝偏心大小头	HGJ514-87	DN ×DN	1
14	波纹管密封截止阀	BSA1	DN——	1
13	温度控制阀		DN——	1
12	无缝偏心大小头	HGJ514-87	DN ×DN	1
11	过滤器	FIG33	DN——	1
10	波纹管密封截止阀	BSA1	DN——	1
9	压力控制器			1
8	减温器		DN——	1
7	安全阀	A-48Y-16C	DN——	1
6	波纹管密封截止阀	BSA1	DN——	1
5	波纹管密封截止阀	BSA1		1
4	减压阀		DN——	1
3	压力表组合 4"表盘 0~16bar			5
2	过滤器	FIG33	DN——	1
1	波纹管密封截止阀	BSA1	DN——	1
件号	名称及规格	类型	口径	数量

材　　料　　表

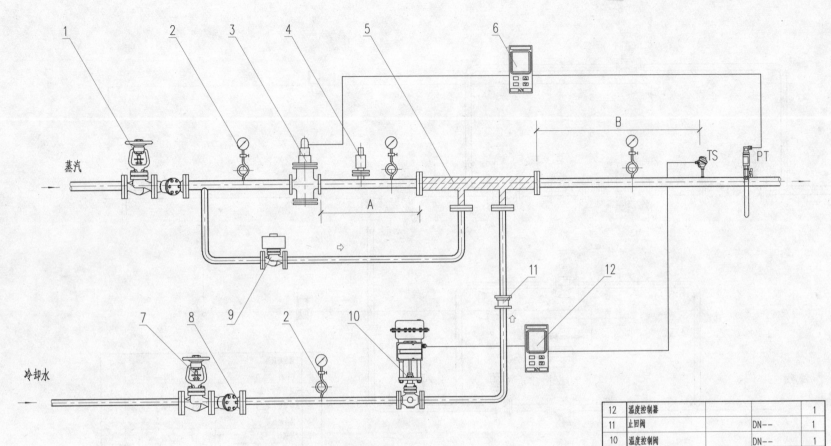

蒸汽雾化型减温器的减温和减压系统

说明：

1. A至少为 5倍管径或 1.5m.

2. 减温器可以水平或垂直方向安装。垂直安装时，蒸汽流向向上。

3. 温度感应器的位置：

剩余过热度（℃）	图中距离B（m）	剩余过热度（℃）	图中距离B（m）
5	7.50	30	5.00
10	6.80	50	3.70
15	6.25	100	2.50

4. 为了保护减温器和下游管道设备，在减压阀下游应安装安全阀。

12	温度控制器			1
11	止回阀		DN--	1
10	温度控制阀		DN--	1
9	控制阀			1
8	过滤器	FIG33	DN--	1
7	波纹管密封截止阀	BSA1	DN--	1
6	压力控制器			1
5	蒸汽雾化型减温器	SAD	DN--	1
4	安全阀	A-48Y-16C	DN--	1
3	减压阀	25P	DN--	1
2	压力表组合 4″表盘 0~16bar			2
1	波纹管密封截止阀	BSA1	DN--	1
件号	名称及规格	类型	口径	数量
材 料 表				

方形补偿器选用原则和布置方式

一、方形补偿器选用原则和布置方式

1.H≤h时宜选用I型

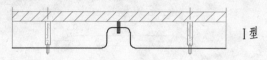

I型

二、方形补偿器的制作

1.DN<100mm时，补偿器采用一根管弯制，其弯曲半径见表一，弯头采用煨弯；

2.DN≥100mm时，弯头宜采用钢制热压弯头或使用无缝热压弯头；

3.当补偿器由弯头及直管组焊时（指非热压弯头），外伸臂上的焊口应在H的中点。

表一

公称直径 DN（mm）	≤25	32	40	50	65	80
曲率半径 R（mm）	150	150	200	200	300	350
公称直径 DN（mm）	100	125	150	200	250	300
曲率半径 R（mm）	150	190	225	300	375	450

三、方形补偿器的安装

1.方形补偿器一般布置在固定支架中间，其固定支架最大允许间距见下表：

表二

DN（mm）	25	32	40	50	65	80	100	125	150	200	250	300
L（m）	30	35	45	50	55	60	65	70	80	90	100	115

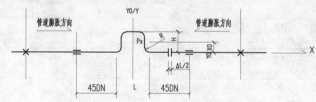

当L大于表二数值或几根热力管道共架时，应在距外伸臂45DN外处设导向支架，其DN取其中最大管径。

2.预拉伸：固定支架安装完毕后，对弯管补偿器必须进行预拉伸。其预拉伸量为管的热伸长量ΔL的一半，如上图所示在补偿器一侧预拉伸ΔL/2.

3.管道热伸长量计算公式：$\Delta L=L\alpha(t_2-t_1)$

式中： L－计算管长（m）；

α－管道的线膨胀系数，一般钢管可取1.2×10^{-2}mm/（m℃）；

t_1－管内介质温度（℃）；

t_2－管道安装温度（℃），一般可取室外采暖空气计算温度。

四、方形补偿器弹性力的计算原则

1.弯管曲率半径：DN<100mm时，R=4D外，见表一；DN≥100mm时，R=1.5DN，见表二。弯管减刚系数按此条件计算或选用。

2.计算预拉伸量为ΔL/2。

3.弹性力Px计算采用弹性中心法：计算中DN≥100分别用R=3.5～4.5D外（煨制）和R=1.5DN（热压弯头）进行计算并用热压弯头进行膨胀当量应力验算，Px取两者较大数值。

$$P_x=\frac{\Delta X \cdot E \cdot I}{I_{x0} \cdot 10^7}\times9.81(N)$$

式中：$\Delta X=\Delta L/2$（mm）；

E－管道的弹性模数（N/cm²）；

I－管道的惯性距（cm⁴）；

I_{x0}－对于X轴的线惯性距（cm³）；

X_0、Y_0－弹性重心坐标（m）。

五、固定支架水平推力计算原则

1.垂直荷重：管道自重，保温层重，管内介质重量，即工作状态下的荷重。

2.DN≤150mm，μ=0.3（钢对钢摩擦）；

DN>150mm，μ=0.1（聚四氟乙烯间摩擦）。

3.固定支架计算间距取60m，方形补偿器居中。

4.热力管道双管布置时，牵制系数为1.0.

5.不保温热力管计算温度为150℃。

六、固定支架推力计算（单位：m）

端部固定支架A为受水平推力最大的固定支架

水平固定支架B为受水平推力最小的固定支架

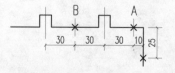

注：参见图集01R415。

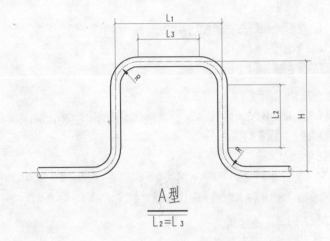

A型

$$\overline{L_2=L_3}$$

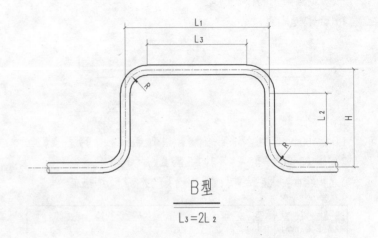

B型

$$\overline{L_3=2L_2}$$

说明：

1. 补偿器的尺寸按补偿量ΔL选用。

2. 本图中热力管道介质计算温度150℃。

3. 标注方式举例：

DNxxA（B）/ΔL-t-布置方式

公称直径：DN32

方形补偿器形式：A

伸长量（mm）：50

介质温度：150℃

布置方式：Ⅰ

4. 参见图集01R415。

补偿量 ΔL(mm)	公称直径 DN(mm)		≤25	32	40	50	65	80	100	125	150	200	250	300
	外径(mm)x壁厚(mm)		32x3.5	38x3.5	45x3.5	57x3.5	76x4	89x4	108x4	133x4	159x4.5	219x6	273x7	325x8
50	A型	H=L1(mm)	750	850	900	900	1000	1000						
		L2=L3 Px (N)	328	383	534	1076	1790	2764						
	B型	HxL1(mm)	650x1000	750x1200	800x1200	800x1200	900x1200							
		L3=2L2 Px (N)	362	424	599	1228	2090							
75	A型	H=L1(mm)	1000	1100	1100	1100	1200	1200	1400	1400	1600			
		L2=L3 Px (N)	225	284	461	940	1633	2557	2613	3736	4457			
	B型	HxL1(mm)	800x1300	900x1500	1000x1600	1000x1600	1100x1600	1100x1500	1200x2100					
		L3=2L2 Px (N)	321	379	471	981	1736	2854	3633					
100	A型	H=L1(mm)	1100	1200	1300	1300	1400	1400	1600	1700	1900	2100	2300	
		L2=L3 Px (N)	231	299	390	804	1432	2266	2460	3057	3939	9202	13710	
	B型	HxL1(mm)	900x1500	1000x1700	1100x1800	1100x1800	1200x1800	1300x1900	1400x2500	1600x2820	1700x2950			
		L3=2L2 Px (N)	311	377	480	1005	1803	2229	3141	3269	4897			
150	A型	H=L1(mm)	1350	1450	1550	1550	1650	1850	2100	2250	2400	2650	2900	3800
		L2=L3 Px (N)	201	270	364	757	1380	1635	1825	2557	3293	7701	11532	10708
	B型	HxL1(mm)	1100x1900	1250x2200	1300x2200	1350x2300	1400x2200	1650x2600	1800x3300	2000x3620	2150x3850	2500x4400		
		L3=2L2 Px (N)	270	309	454	863	1749	1839	2353	2714	3936	8889		

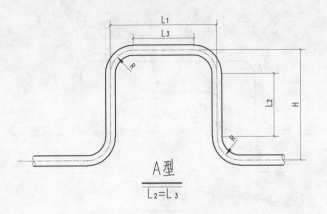

A型
L₂=L₃

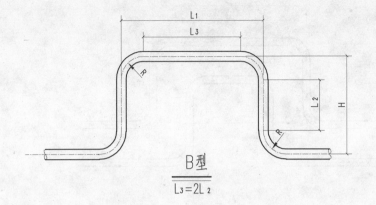

B型
L₃=2L₂

说明：

1. 补偿器的尺寸按补偿量△L选用。

2. 本图中热力管道介质计算温度 250℃,适用于保温热力管道。

3. 标注方式举例：

DNxxA（B）/△L-t-布置方式

公称直径：DN50

方形补偿器形式：A

伸长量(mm)：50

介质温度：250℃

布置方式：Ⅰ

4. 参见图集01R415。

补偿量△L(mm)		公称直径 DN(mm)	≤25	32	40	50	65	80	100	125	150	200	250	300
		外径(mm)×壁厚(mm)	32×3.5	38×3.5	45×3.5	57×3.5	76×4	89×4	108×4	133×4	159×4.5	219×6	273×7	325×8
75	A型	H=L1(mm)	1000	1100	1100	1100	1200							
		L2=L3 Px(N)	212	268	435	650	1540							
	B型	H×L1(mm)	800×1300	900×1500	1000×1600	1000×1600	1100×1600							
		L3=2L2 Px(N)	303	357	444	925	1637							
100	A型	H=L1(mm)	1100	1200	1300	1300	1400	1400	1600	1700				
		L2=L3 Px(N)	218	282	368	758	1350	2137	2320	2883				
	B型	H×L1(mm)	900×1500	1000×1700	1100×1800	1100×1800	1200×1800	1300×1900	1400×2500	1600×2820				
		L3=2L2 Px(N)	293	356	453	948	1700	2102	2962	3083				
150	A型	H=L1(mm)	1350	1450	1550	1550	1650	1850	2100	2250	2400	2650	2900	
		L2=L3 Px(N)	190	255	343	714	1301	1542	1721	2411	3105	7262	10875	
	B型	H×L1(mm)	1100×1900	1250×2200	1300×2200	1350×2300	1400×2200	1650×2600	1800×3300	2000×3620	2150×3850			
		L3=2L2 Px(N)	255	291	428	814	1649	1734	2219	2559	3712			
200	A型	H=L1(mm)	1550	1700	1800	1850	2000	2200	2450	2650	2850	3200	3400	4400
		L2=L3 Px(N)	175	222	307	598	1040	1308	1544	1893	2697	6033	9778	9326
	B型	H×L1(mm)	1250×2200	1400×2500	1400×2400	1550×2700	1700×2800	1850×3000	2050×3800	2300×4220	2500×4550	2850×5100		
		L3=2L2 Px(N)	240	286	466	747	1282	1695	2082	2364	3332	7383		
250		H=L1(mm)						2550	2800	3050	3250	3650	3900	5200
		L2=L3 Px(N)						1109	1363	1670	2438	5434	8679	7695
	B型	H×L1(mm)						2100×3500	2350×4400	2600×4820	2800×5150	3200×5800	3600×6450	4600×8300
		L3=2L2 Px(N)						1519	1812	2139	3094	6829	9731	9595
300	A型	H=L1(mm)									3700	4150	4450	5900
		L2=L3 Px(N)									2104	4758	7543	6727
	B型	H×L1(mm)									3200×5950	3650×6700	3950×7150	5200×9500
		L3=2L2 Px(N)									2082	2364	3332	7383

2.4.1（4）
双管方形补偿器
（Ⅰ）（t=150℃）

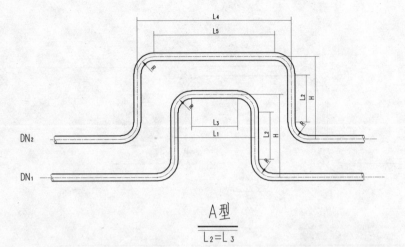

A型
L₂=L₃

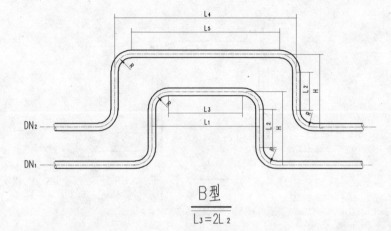

B型
L₃=2L₂

说明：
1.补偿器的尺寸按补偿量ΔL选用.
2.本图中热力管道介质计算温度 150℃.
3.标注方式举例：
DNxxA(B)/ΔL-t-布置方式
公称直径：DN50
方形补偿器形式：A
伸长量(mm)：50
介质温度：150℃
布置方式：Ⅰ
4.参见图集01R415.

补偿量 ΔL(mm)			公称直径 DN1(mm)	≤25	≤32	≤40	≤50	≤65	≤80	≤100	≤125	≤150	≤200	≤250	≤300
			DN2(mm)	≤25	32	40	50	65	80	100	125	150	200	250	300
			外径(mm)x壁厚(mm)	32x3.5	38x3.5	45x3.5	57x3.5	76x4	89x4	108x4	133x4	159x4.5	219x6	273x7	325x8
50	A型 L2=L3	DN1	H=L1(mm)	750	850	900	900	1000	1000						
			Px1 (N)	≤328	≤383	≤534	≤1076	≤1790	≤2764						
		DN2	HxL4(mm)	750x1350	850x1450	900x1600	900x1600	1000x1700	1000x1800						
			Px2 (N)	237	297	393	817	1384	2211						
	B型 L3=2L2	DN1	HxL1(mm)	650x1000	750x1200	800x1200	800x1200	900x1200							
			Px1 (N)	≤362	≤424	≤599	≤1228	≤2090							
		DN2	HxL4(mm)	650x1600	750x1800	800x1900	800x1900	900x1900							
			Px2 (N)	302	339	464	970	1650							
75	A型 L2=L3	DN1	H=L1(mm)	1000	1100	1100	1100	1200	1200	1400	1400	1600			
			Px1 (N)	≤225	≤284	≤461	≤940	≤1633	≤2557	≤2613	≤3736	≤4457			
		DN2	HxL4(mm)	1000x1600	1100x1700	1100x1800	1100x1800	1200x1900	1200x2000	1400x2200	1400x2400	1600x2600			
			Px2 (N)	179	231	359	752	1316	2077	2226	3232	4025			
	B型 L3=2L2	DN1	HxL1(mm)	800x1300	900x1500	1000x1600	1000x1600	1100x1600	1100x1500	1200x2100					
			Px1 (N)	≤321	≤379	≤471	≤981	≤1736	≤2854	≤3633					
		DN2	HxL4(mm)	800x1900	900x2100	1000x2300	1000x2300	1100x2300	1100x2300	1200x2900					
			Px2 (N)	269	319	390	821	1447	2361	3090					
100	A型 L2=L3	DN1	H=L1(mm)	1100	1200	1300	1300	1400	1400	1600	1700	1900	2100	2300	
			Px1 (N)	≤231	≤299	≤390	≤804	≤1432	≤2266	≤2460	≤3057	≤3939	≤9202	≤13710	
		DN2	HxL4(mm)	1100x1700	1200x1800	1300x2000	1300x2000	1400x2100	1400x2200	1600x2400	1700x2700	1900x2900	2100x3300	2300x3600	
			Px2 (N)	189	248	316	665	1192	1890	2135	2685	3533	8260	12469	
	B型 L3=2L2	DN1	HxL1(mm)	900x1500	1000x1700	1100x1800	1100x1800	1200x1800	1300x1900	1400x2500	1600x2820	1700x2950			
			Px1 (N)	≤311	≤377	≤480	≤1006	≤1803	≤2229	≤3141	≤3269	≤4897			
		DN2	HxL4(mm)	900x2100	1000x2350	1100x2500	1100x2500	1200x2550	1300x2700	1400x3350	1600x3820	1700x3950			
			Px2 (N)	264	321	406	858	1513	2033	2712	2909	4399			
150	A型 L2=L3	DN1	H=L1(mm)	1350	1450	1550	1550	1650	1850	2100	2250	2400	2650	2900	3800
			Px1 (N)	≤201	≤270	≤364	≤757	≤1380	≤1635	≤1825	≤2557	≤3293	≤7701	≤11532	≤10708
		DN2	HxL4(mm)	1350x1950	1450x2100	1550x2250	1550x2250	1650x2400	1850x2650	2100x2950	2250x3250	2400x3400	2650x3850	2900x4200	3800x5250
			Px2 (N)	171	229	307	645	1171	1421	1618	2039	2998	7010	9917	9944
	B型 L3=2L2	DN1	HxL1(mm)	1100x1900	1250x2200	1300x2200	1350x2300	1400x2200	1650x2600	1800x3300	2000x3620	2150x3850	2500x4400		
			Px1 (N)	≤270	≤309	≤454	≤863	≤1749	≤1839	≤2353	≤2714	≤3936	≤8889		
		DN2	HxL4(mm)	1100x2500	1250x2850	1300x2900	1350x3000	1400x2950	1650x3400	1800x4150	2000x4620	2150x4850	2500x5600		
			Px2 (N)	211	273	396	762	1515	1637	2112	2467	3611	7635		

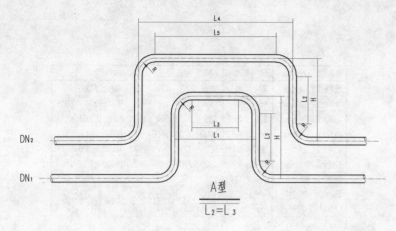

A型
$\dfrac{}{L_2 = L_3}$

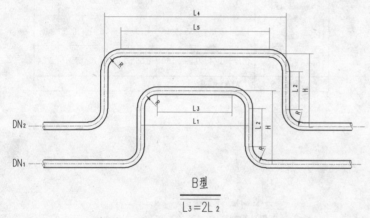

B型
$\dfrac{}{L_3 = 2L_2}$

说明:

1. 补偿器的尺寸按补偿量ΔL选用.
2. 本图中热力管道介质计算温度 250℃,适用于保温热力管道.
3. 标注方式举例:

DNxxA(B)/ΔL-t-布置方式

公称直径:DN50
方形补偿器形式:A
伸长量(mm):50
介质温度:250℃
布置方式:Ⅰ

4. 参见图集01R415.

补偿量ΔL(mm)	公称直径			DN₁(mm) ≤25 / DN₂ ≤25 / 32×3.5	≤32 / 32 / 38×3.5	≤40 / 40 / 45×3.5	≤50 / 50 / 57×3.5	≤65 / 65 / 76×4	≤80 / 80 / 89×4	≤100 / 100 / 108×4	≤125 / 125 / 133×4	≤150 / 150 / 159×4.5	≤200 / 200 / 219×6	≤250 / 250 / 273×7	≤300 / 300 / 325×8
75	A型 L2=L3	DN₁	H=L₁(mm)	1000	1100	1100	1100	1200							
			Px₁(N)	212	268	435	650	1540							
		DN₂	HxL₄(mm)	1000×1600	1100×1700	1100×1800	1100×1800	1200×1900							
			Px₂(N)	169	218	339	709	1241							
	B型 L3=2L2	DN₁	HxL₁(mm)	800×1300	900×1500	900×1600	1000×1600	1100×1600							
			Px₁(N)	303	357	444	925	1637							
		DN₂	HxL₄(mm)	800×1900	900×2100	1000×2300	1000×2300	1100×2300							
			Px₂(N)	252	301	368	774	1365							
100	A型 L2=L3	DN₁	H=L₁(mm)	1100	1200	1300	1300	1400	1400	1600	1700				
			Px₁(N)	218	282	368	758	1350	2137	2320	2883				
		DN₂	HxL₄(mm)	1100×1700	1200×1800	1300×2000	1300×2000	1400×2100	1400×2200	1600×2400	1700×2700				
			Px₂(N)	178	234	298	627	1124	1782	2013	2532				
	B型 L3=2L2	DN₁	HxL₁(mm)	900×1500	1000×1700	1100×1800	1100×1800	1200×1800	1300×1900	1400×2500	1600×2820				
			Px₁(N)	≤293	≤356	≤453	≤948	≤1700	≤2102	≤2962	≤3083				
		DN₂	HxL₄(mm)	900×2100	1000×2350	1100×2500	1200×2550	1300×2700	1400×3350	1600×3820					
			Px₂(N)	249	303	383	809	1427	1917	2557	2743				
150	A型 L2=L3	DN₁	H=L₁(mm)	1350	1450	1550	1550	1650	1850	2100	2250	2400	2650	2900	
			Px₁(N)	≤190	≤255	≤343	≤714	≤1301	≤1542	≤1721	≤2411	≤3105	≤7262	≤10875	
		DN₂	HxL₄(mm)	1350×1950	1450×2100	1550×2250	1550×2250	1650×2400	1850×2650	2100×2950	2250×3250	2400×3400	2650×3850	2900×4200	
			Px₂(N)	161	216	290	608	1104	1340	1526	1923	6610	9352		
	B型 L3=2L2	DN₁	HxL₁(mm)	1100×1900	1250×2200	1300×2200	1350×2300	1400×2200	1650×2600	1800×3300	2000×3620	2150×3850	2500×4400		
			Px₁(N)	≤255	≤291	≤428	≤814	≤1649	≤1734	≤2219	≤2559	≤3712	≤8382		
		DN₂	HxL₄(mm)	1100×2500	1250×2850	1300×2900	1350×3000	1400×2950	1650×3400	1800×4150	2000×4620	2150×4850	2500×5600		
			Px₂(N)	199	257	373	719	1429	1544	1992	2326	3405	7200		
200	A型 L2=L3	DN₁	H=L₁(mm)	1550	1700	1850	1850	2000	2200	2450	2650	2800	3200	3400	4400
			Px₁(N)	175	222	307	598	1040	1308	1544	1893	2697	6033	9778	9326
		DN₂	HxL₄(mm)	1550×2150	1700×2350	1800×2500	1850×2550	2000×2750	2200×3000	2450×3300	2650×3650	2850×3850	3200×4400	3400×4700	4400×5850
			Px₂(N)	152	193	265	523	909	1160	1389	1725	2483	5560	9086	8717
	B型 L3=2L2	DN₁	HxL₁(mm)	1250×2200	1400×2500	1400×2400	1550×2700	1700×2800	1850×3000	2050×3800	2300×4220	2500×4550	2850×5100		
			Px₁(N)	240	286	466	747	1282	1695	2082	2364	3332	7383		
		DN₂	HxL₄(mm)	1250×2800	1400×3150	1400×3100	1550×3400	1700×3550	1850×3800	2050×4650	2300×4850	2500×5550	2850×6300		
			Px₂(N)	216	258	413	672	1148	1531	1891	2206	3093	6848		
250	A型 L2=L3	DN₁	H=L₁(mm)						2550	2800	3050	3250	3650	3900	5200
			Px₁(N)						1109	1363	1670	2438	5434	8679	7695
		DN₂	HxL₄(mm)						2550×3350	2800×3650	3050×4050	3250×4250	3650×4850	3900×5200	5200×6650
			Px₂(N)						1005	1247	1532	2256	5040	8135	7236
	B型 L3=2L2	DN₁	HxL₁(mm)						2100×3500	2350×4400	2600×4820	2800×5150	3200×5800	3600×6450	4600×8300
			Px₁(N)						1519	1812	2139	3094	6829	9731	9595
		DN₂	HxL₄(mm)						2100×4300	2350×5250	2600×5820	2800×6150	3200×7000	3600×7750	4600×9750
			Px₂(N)						1378	1663	1994	2898	6365	9149	9070
300	A型 L2=L3	DN₁	H=L₁(mm)									3700	4150	4450	5900
			Px₁(N)									2104	4758	7543	6727
		DN₂	HxL₄(mm)									3700×4700	4150×5350	4450×5750	5900×7350
			Px₂(N)									1977	4718	7468	6377
	B型 L3=2L2	DN₁	HxL₁(mm)									3200×5950	3650×6700	3950×7150	5200×9500
			Px₁(N)									2632	5817	9140	8337
		DN₂	HxL₄(mm)									3200×6950	3650×7900	3950×8450	5200×10950
			Px₂(N)									2482	5454	8680	7944

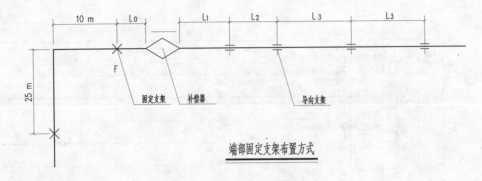

端部固定支架布置方式

公称直径　DN（mm）	50	70	80	100	125	150	200	250	300
额定补偿量　（mm）	72	96	108	120	120	144	180	270	300
许用补偿量 ΔL（mm）	66	90	100	110	110	135	165	250	280
L₀最大值　（mm）	200	280	320	400	500	600	800	1000	1200
L₁最大值　（mm）	3000	3000	5000	5000	6000	6500	8000	10000	10000
L₂最大值　（mm）	3000	6000	6000	6000	9000	9000	12000	12000	12000
L₃最大值　（mm）	6000	6000	12000	12000	18000	18000	18000	24000	24000
D₀　（mm）	102	127	133	159	194	245	325	377	426
P_{b1}　（kN）（PN=1.25MPa）	4.91	7.65	11.03	15.88	22.81	29.24	51.08	76.19	109.57
P_{b2}　（kN）（PN=0.6MPa）	2.27	3.54	5.10	7.33	10.54	13.51	23.60	35.20	50.63
P_{d1}　（kN）（PN=1.25MPa）	1.55	2.73	2.55	4.10	4.20	5.16	6.31	10.78	9.06
P_{d2}　（kN）（PN=0.6MPa）	0.77	0.44	0.29	1.19	0.86	1.06	4.20	7.11	3.84
产品型号	WY型无约束型								

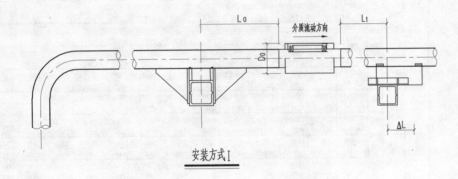

安装方式 I

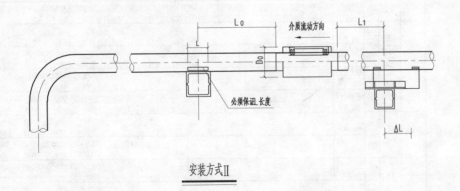

安装方式 II

说明：
1. P_{b1}、P_{b2} 为盲板力，P_{d1}、P_{d2} 为弹性力。
2. 固定支架推力 $F = P_b + P_d - P_f$。
3. L_1、L_2、L_3 均可按管道正常支架间距确定。
4. 选用国标图 97R412（原 97R403）室外支座。
5. 参见图集01R415。

无约束型单管端部固定支架

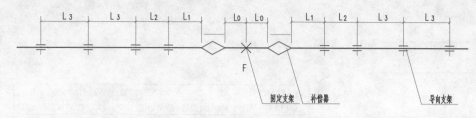

端部固定支架布置方式

公称直径 DN（mm）	50	70	80	100	125	150	200	250	300
额定补偿量 （mm）	72	96	108	120	120	144	180	270	300
许用补偿量 ΔL（mm）	66	90	100	110	110	135	165	250	280
L0最大值 （mm）	200	280	320	400	500	600	800	1000	1200
L1最大值 （mm）	3000	3000	5000	5000	6000	6500	8000	10000	10000
L2最大值 （mm）	3000	6000	6000	6000	9000	9000	12000	12000	12000
L3最大值 （mm）	6000	6000	12000	12000	18000	18000	18000	24000	24000
D0 （mm）	102	127	133	159	194	245	325	377	426
P_{d1} （kN）(PN=1.25MPa)	1.55	2.73	2.55	4.10	4.20	5.16	6.31	10.78	9.06
P_{d2} （kN）(PN=0.6MPa)	0.77	0.44	0.29	1.19	0.86	1.06	4.20	7.11	3.84
产 品 型 号	WY型无约束型								

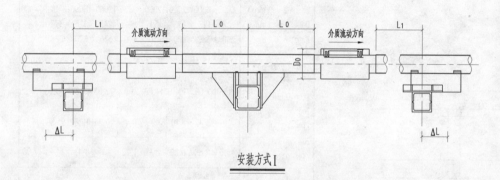

安装方式 I

说明:
1. P_{d1}、P_{d2} 为波纹补偿器弹性力。
2. 固定支架推力 $F=0.3P_d$。
3. L_1、L_2、L_3 均可按管道正常支架间距确定。
4. 选用国标图 97R412（原 97R403）室外支座。
5. 参见图集01R415。

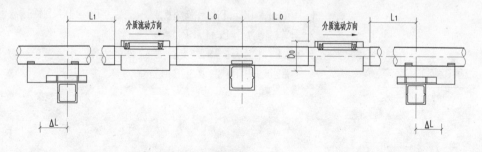

安装方式 II

无约束型单管中间固定支架

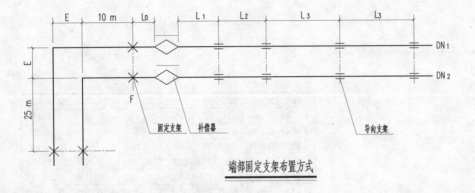

端部固定支架布置方式

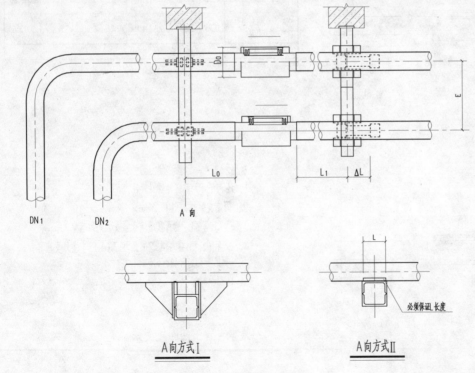

DN₁   DN₂   A 向

A向方式Ⅰ   A向方式Ⅱ

公称直径 （mm）	DN₁	50	70	80	100	125	150	200	250	300
	DN₂	≤50	≤70	≤80	≤100	≤125	≤150	≤200	≤250	≤300
额定补偿量 （mm）		72	96	108	120	120	144	180	270	300
许用补偿量 ΔL（mm）		66	90	100	110	110	135	165	250	280
L₀最大值 （mm）		200	280	320	400	500	600	800	1000	1200
L₁最大值 （mm）		3000	3000	5000	5000	6000	6500	8000	10000	10000
L₂最大值 （mm）		3000	6000	6000	6000	9000	9000	12000	12000	12000
L₃最大值 （mm）		6000	6000	12000	12000	18000	18000	18000	24000	24000
D₀ （mm）		102	127	133	159	194	245	325	377	426
E （mm）		360	380	400	430	460	530	600	660	750
P_{b1} （kN） （PN=1.25MPa）		9.82	15.31	22.05	31.75	45.61	58.49	102.16	152.37	219.15
P_{b2} （kN） （PN=0.6MPa）		4.55	7.08	10.19	14.66	21.07	27.03	47.20	70.40	101.25
P_{d1} （kN） （PN=1.25MPa）		3.10	5.47	5.10	8.19	8.41	10.33	12.62	21.56	18.11
P_{d2} （kN） （PN=0.6MPa）		1.55	0.88	0.59	2.37	1.72	2.12	8.41	14.21	7.68
产 品 型 号		WY型无约束型								

说明：

1. P_{b1}、P_{b2} 为 DN_1、DN_2 同径时盲板力，P_{d1}、P_{d2} 为 DN_1、DN_2 同径时弹性力。

2. 固定支架推力 $F=P_b+P_d-P_{f1}$。

3. L_1、L_2、L_3 均可按管道正常支架间距确定。

4. 选用国标图 97R412（原 97R403）室外支座。

5. 参见图集01R415。

无约束型双管端部固定支架

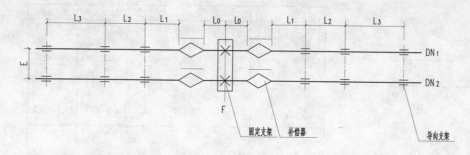

公称直径	DN₁	50	70	80	100	125	150	200	250	300
(mm)	DN₂	≤50	≤70	≤80	≤100	≤125	≤150	≤200	≤250	≤300
额定补偿量	(mm)	72	96	108	120	120	144	180	270	300
许用补偿量 ΔL	(mm)	66	90	100	110	110	135	165	250	280
L₀最大值	(mm)	200	280	320	400	500	600	800	1000	1200
L₁最大值	(mm)	3000	3000	5000	5000	6000	6500	8000	10000	10000
L₂最大值	(mm)	3000	6000	6000	6000	9000	9000	12000	12000	12000
L₃最大值	(mm)	6000	6000	12000	12000	18000	18000	18000	24000	24000
D₀	(mm)	102	127	133	159	194	245	325	377	426
E	(mm)	360	380	400	430	460	530	600	660	750
P_{d1} (kN) (PN=1.25MPa)		3.10	5.47	5.10	8.19	8.41	10.33	12.62	21.56	18.11
P_{d2} (kN) (PN=0.6MPa)		1.55	0.88	0.59	2.37	1.72	2.12	8.41	14.21	7.68
产品型号		WY型无约束型								

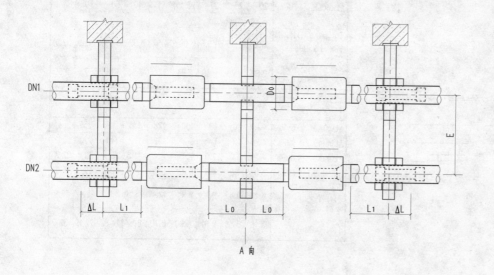

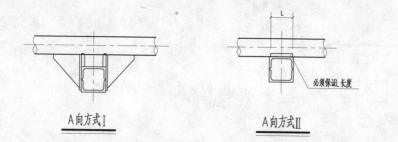

说明:

1. P_{d1}、P_{d2} 为 DN₁、DN₂ 同径时波纹补偿器弹性力。当为异径时，可分别将单管时的 P_{d1}（或 P_{d2}）之值相加即为双管合成之 P_{d1} 或 P_{d2}。

2. 固定支架推力 F=0.3P_d。

3. L₁、L₂、L₃ 均可按管道正常支架间距确定。

4. 选用国标图 97R412（原 97R403）室外支座。

5. 参见图集01R415。

无约束型双管中间固定支架

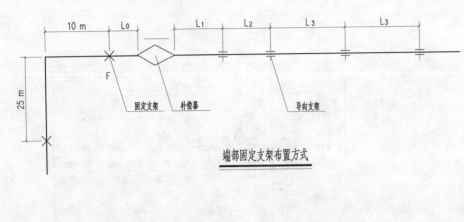

端部固定支架布置方式

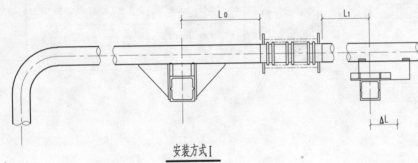

安装方式Ⅰ

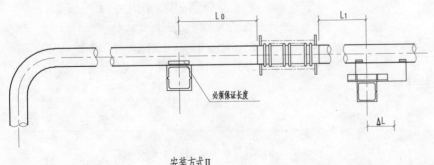

安装方式Ⅱ

公称直径 DN（mm）	50	70	80	100	125	150	200	250	300
Lo 最大值　（mm）	200	280	320	400	500	600	800	1000	1200
L1 最大值　（mm）	200	280	320	400	500	600	800	1000	1200
L2 最大值　（mm）	700	980	1120	1400	1750	2100	2800	3500	4200
P_{b1}　（kN）（PN=1.25MPa）	5.10	7.6	10.2	15.2	22.8	33.1	61.2	94.3	132.5
P_{b2}　（kN）（PN=0.6MPa）	2.4	3.5	4.7	7.1	10.6	15.9	28.8	44.7	62.3
RZPN～DN $\frac{A}{B}\frac{I}{II}$（单式）　　　PN≤1.6									
ΔL（mm）（0.6MPa）	22	25	26	28	55	50	55	95	100
ΔL（mm）（1.6MPa）	20	25	27	28	35	40	50	70	85
L3　（m） 同支架正常间距									
P_{d1}　（kN）（PN=1.25MPa）	1.50	2.35	1.93	3.08	4.57	5.52	8.85	14.98	22.61
P_{d2}　（kN）（PN=0.6MPa）	0.68	0.78	0.68	0.94	3.05	2.90	3.16	7.79	8.50
PNRFSDN x n $\frac{J}{F}$（复式）　　　PN≤1.6									
ΔL（mm）（0.6MPa）	40	50	64	100	128	136	206	258	254
ΔL（mm）（1.6MPa）	40	48	64	96	122	132	140	220	224
ΔL（mm）（0.6MPa）	4.3	6.0	7.0	7.7	8.4	11.5	15.9	19.7	22.3
ΔL（mm）（1.6MPa）	3.0	4.2	4.8	5.7	6.7	7.9	10.7	12.9	15.0
P_{d1}　（kN）（PN=1.25MPa）	6.36	6.82	9.15	9.98	12.4	16.50	32.76	48.4	69.9
P_{d2}　（kN）（PN=0.6MPa）	3.16	3.55	4.61	6.90	8.70	8.57	14.83	22.19	32.0

说明：

1. P_{b1}、P_{b2} 为盲板力，P_{d1}、P_{d2} 为弹性力。补偿器必须予拉伸 $\Delta L/2$。

2. 固定支架推力 $F=P_b+P_d-P_n$。

3. 当工作压力 $P<1.25(0.6)$ 时：$P'_{b1}=\dfrac{Pn}{1.25}P$、$P'=\dfrac{Pn}{0.6}P$。

4. 选用国标 97R412（原 97R403）室外支座。

5. 参见图集 01R415。

约束型单管端部固定支架

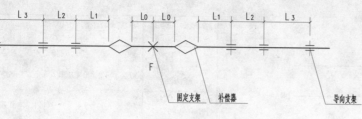

中间固定支架布置方式

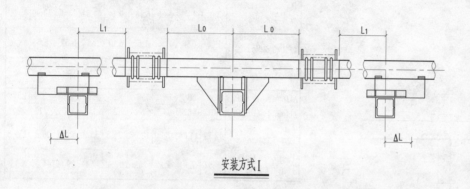

安装方式Ⅰ

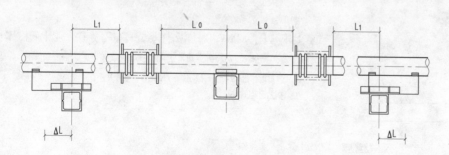

安装方式Ⅱ

公称直径 DN（mm）	50	70	80	100	125	150	200	250	300
L0最大值 （mm）	200	280	320	400	500	600	800	1000	1200
L1最大值 （mm）	200	280	320	400	500	600	800	1000	1200
L2最大值 （mm）	700	980	1120	1400	1750	2100	2800	3500	4200
RZPN~DN $\frac{A}{B} \frac{I}{II}$ （单式）								PN≤1.6	
ΔL(mm)　(0.6MPa)	22	25	26	28	55	50	55	95	100
ΔL(mm)　(1.6MPa)	20	25	27	28	35	40	50	70	85
L3　（m）	同支架正常间距								
P_{d1} （kN）(PN=1.25MPa)	1.50	2.35	1.93	3.08	4.57	5.52	8.85	14.98	22.61
P_{d2} （kN）(PN=0.6MPa)	0.68	0.78	0.68	0.94	3.05	2.90	3.16	7.79	8.50
PNRFSDN x n $\frac{J}{F}$ （复式）								PN≤1.6	
ΔL(mm) (0.6MPa)	40	50	64	100	128	136	206	258	254
ΔL(mm) (1.6MPa)	40	48	64	96	122	132	140	220	224
ΔL(mm) (0.6MPa)	4.3	6.0	7.0	7.7	8.4	11.5	15.9	19.7	22.3
ΔL(mm) (1.6MPa)	3.0	4.2	4.8	5.7	6.7	7.9	10.7	12.9	15.0
P_{d1} （kN）(PN=1.25MPa)	6.36	6.82	9.15	9.98	12.4	16.50	32.76	48.4	69.9
P_{d2} （kN）(PN=0.6MPa)	3.16	3.55	4.61	6.90	8.70	8.57	14.83	22.19	32.0

说明：

1. P_{d1}、P_{d2} 为弹性力，补偿器必须予拉伸 $\Delta L/2$。

2. 固定支架推力：$F=0.3P_d$。

3. 选用国标图 97R412（原 97R403）室外支座。

4. 参见图集01R415。

约束型单管中间固定支架

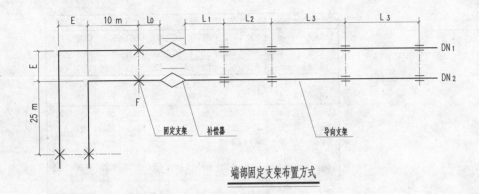

端部固定支架布置方式

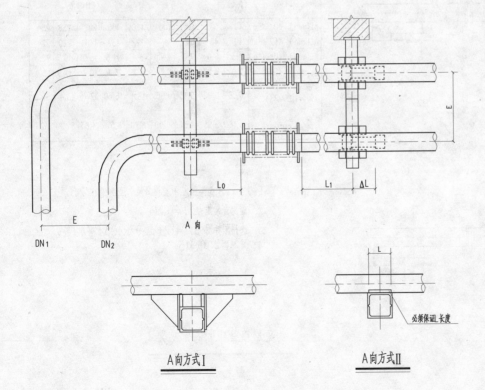

A向方式Ⅰ

A向方式Ⅱ

约束型双管端部固定支架

公称直径	DN₁	50	65	80	100	125	150	200	250	300
(mm)	DN₂	50	65	80	100	125	150	200	250	300
E (mm)		360	380	400	430	460	530	600	660	750
P_{b1} (kN) (PN=1.25MPa)		10.2	15.2	20.4	30.4	45.6	66.2	122.4	100.6	265
P_{b2} (kN) (PN=0.6MPa)		4.8	7.0	9.4	14.2	21.2	31.8	57.6	89.4	124.6
RZPN~DN ^A_B $^I_{II}$ (单式)						PN≤1.6				
ΔL(mm) (0.6MPa)		22	25	26	28	55	50	55	95	100
ΔL(mm) (1.6MPa)		20	25	27	28	35	40	50	70	85
P_{d1} (kN) (PN=1.25MPa)		3.0	4.7	3.86	6.16	9.14	11.04	17.7	29.96	45.22
P_{d2} (kN) (PN=0.6MPa)		1.36	1.56	1.36	1.88	6.10	5.8	6.32	15.58	17.0
PNRFSDN × n ^J_F (复式)						PN≤1.6				
ΔL(mm) (0.6MPa)		40	50	64	100	128	136	206	258	254
ΔL(mm) (1.6MPa)		40	48	64	96	122	132	140	220	224
P_{d1} (kN) (PN=1.25MPa)		12.72	14.64	18.30	19.96	24.8	33.0	65.52	96.8	139.8
P_{d2} (kN) (PN=0.6MPa)		6.32	7.1	9.22	13.8	17.4	17.14	29.66	44.38	64.0

说明:

1. P_{b1}、P_{b2} 为 DN₁、DN₂ 同径时盲板力, P_{d1}、P_{d2} 为 DN₁、DN₂ 同径时弹性力。

2. L₀、L₁、L₂、L₃ 同 "约束型单管端部固定支架"。

3. 选用国标图 97R412 (原 97R403) 室外支座。

4. 参见图集01R415。

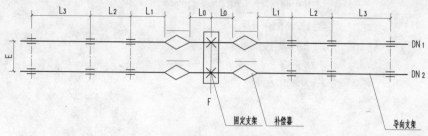

中间固定支架布置方式

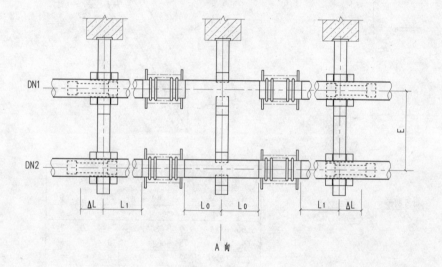

A 向

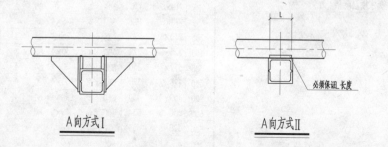

A向方式Ⅰ   A向方式Ⅱ

公称直径 (mm)	DN1	50	65	80	100	125	150	200	250	300
	DN2	50	65	80	100	125	150	200	250	300
E (mm)		360	380	400	430	460	530	600	660	750
RZPN~DN $\frac{A}{B}\frac{I}{II}$ (单式)										
ΔL(mm) (0.6MPa)		22	25	26	28	55	50	55	95	100
ΔL(mm) (1.6MPa)		20	25	27	28	35	40	50	70	85
P_{d1} (kN) (PN=1.25MPa)		3.0	4.7	3.86	6.16	9.14	11.04	17.7	29.96	45.22
P_{d2} (kN) (PN=0.6MPa)		1.36	1.56	1.36	1.88	6.10	5.8	6.32	15.58	17.0
PNRFSDN × n $\frac{J}{F}$ (复式)										
ΔL(mm) (0.6MPa)		40	50	64	100	128	136	206	258	254
ΔL(mm) (1.6MPa)		40	48	64	96	122	132	140	220	224
P_{d1} (kN) (PN=1.25MPa)		12.72	14.64	18.30	19.96	24.8	33.0	65.52	96.8	139.8
P_{d2} (kN) (PN=0.6MPa)		6.32	7.1	9.22	13.8	17.4	17.14	29.66	44.38	64.0

说明：

1. P_{d1}、P_{d2} 为同径双管时弹性力，补偿器必须予拉伸 $\Delta L/2$。

2. 固定支架推力：$F=0.3P_d$。

3. L_0、L_1、L_2、L_3 同"约束型单管端部固定支架"。

4. 选用国标图 97R412（原 97R403）室外支座。

5. 参见图集01R415。

约束型双管中间固定支架

说明:
1.本图仅适用于介质温度为常温的管道。
2.套管刷二遍沥青玛蹄脂。
3.套管长度=墙厚+80mm。
4.穿墙处开方洞尺寸为管径的2倍,且不小于 250mm×250mm,防水层做法见土建要求。
5.参见图集01R409。

固定筋

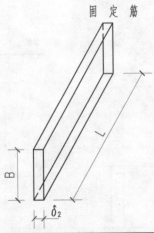

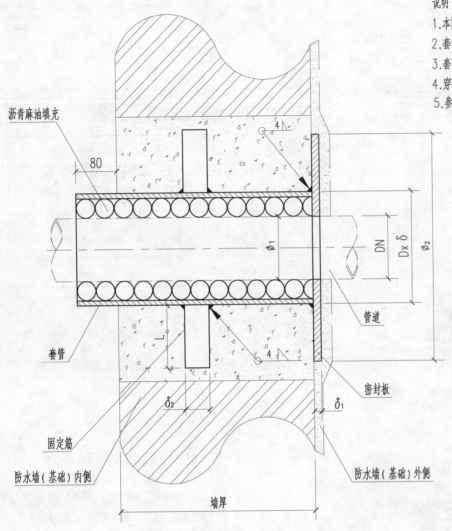

沥青麻油填充

80

套管

固定筋

防水墙(基础)内侧

防水墙(基础)外侧

墙厚

管道

密封板

管道穿防水墙(基础)图

管子公称直径	套管	密封板			固定筋		
DN	D×δ	φ₁	φ₂	δ₁	B×δ₂	L	数量
mm	mm	mm			mm		根
50	89×4	60	180	3	20×4	50	2
65	108×4	75	195	3	20×4	50	2
80	133×4	92	230	3	20×4	50	2
100	159×4.5	112	255	3	25×4	65	2
125	219×6	136	300	3	25×4	65	2
150	219×6	162	360	4	25×4	65	4
200	273×6	222	425	4	25×4	65	4
250	325×6	276	480	4	30×4	80	4
300	377×7	330	530	4	30×4	80	4
350	426×7	380	580	4	30×4	80	4
400	480×7	430	650	6	30×4	80	4
500	630×8	534	700	6	40×5	80	8
600	720×8	634	800	6	40×5	80	8
700	820×10	724	900	6	40×5	80	8
800	920×10	824	1000	6	40×5	80	8

说明：
1.套管刷二遍沥青玛蹄脂。
2.套管长度=墙厚+60mm。
3.穿墙处开方洞，尺寸为管径的2倍，且不小于 250mm×250mm。
4.参见图集01R409。

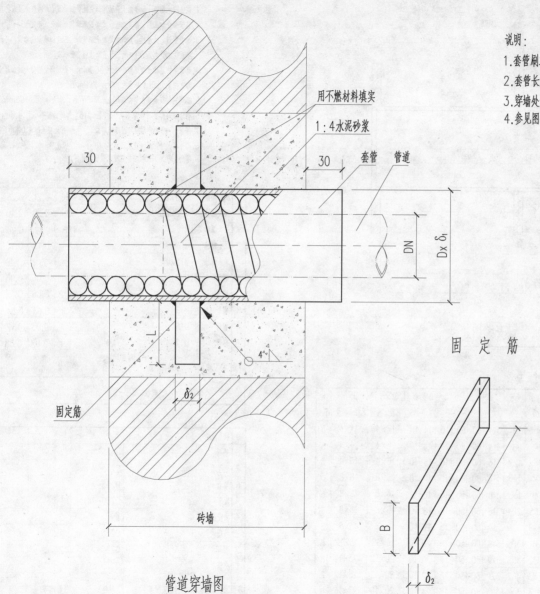

用不燃材料填实

1：4水泥砂浆

套管 管道

固定筋

砖墙

管道穿墙图

固 定 筋

管子公称直径	套 管	固 定 筋		
DN	D×δ₁	B×δ₂	L	数量
mm	mm	mm		根
25、32	57×3.5	20×4	50	2
40、50	89×4	20×4	50	2
65	108×4	20×4	50	2
80、100	159×4.5	25×4	65	2
125	219×6	25×4	65	2
150	273×6	25×4	65	4
200	325×7	25×4	65	4
250	377×7	30×4	80	4
300	426×7	30×4	80	4
350	480×7	30×4	80	4
400	530×8	30×4	80	4
500	630×8	40×5	80	8
600	720×8	40×5	80	8
700	820×10	40×5	80	8
800	920×10	40×5	80	8

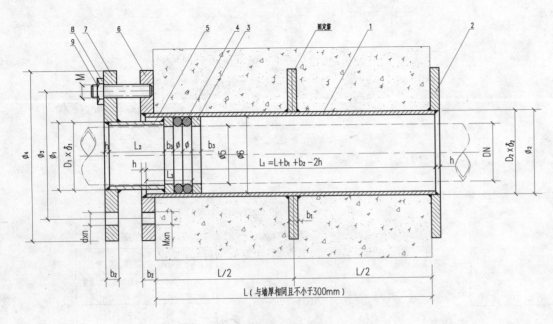

柔性防水装置安装图

说明:
1. 柔性防水套管一般适用于管道穿墙之处受振动或有严密防水要求的建筑物.
2. 套管部分加工后, 在其外壁涂底漆 (底漆包括樟丹或冷定子油), 外层防腐由设计确定.
3. 套管穿墙之处墙壁, 如遇非混凝土墙壁时, 应改用混凝土墙壁, 其混凝土范围应比翼环直径 ∅2大 200mm, 而且必须将套管一次浇固于墙内.
4. 穿墙处的混凝土墙壁应不小于 300mm, 否则应使墙壁一边加厚或两边加厚, 加厚部分的直径最少应比翼环直径 ∅2大 200mm.
5. 套管的材料及重量是按墙厚 L=300mm 计算, 如大于 300mm 时应另行计算.
6. 套管部件焊接材料为 E4315、E4316, 焊缝高度不小于 4.5mm.
7. 序号 1~3 制作后应与土建一起施工, 序号 6 应在土建施工完毕后再与序号 1 相焊.
8. 图中各尺寸见尺寸汇总表.
9. 零件图参见01R409柔性防水装置零件图.

尺寸汇总表

DN	$D_1 \times \delta_1$	$D_2 \times \delta_2$	$\emptyset$	$\emptyset_1$	$\emptyset_2$	$\emptyset_3$	$\emptyset_4$	$\emptyset_5$	$\emptyset_6$	L_1	L_2	L_3	b_1	b_2	b_3	Mxn 孔径x数量	dxn 孔径x数量	h
mm	mm															孔径x数量	孔径x数量	mm
50	72×4	89×4	10	74	91	137	180	65	79	314	60	60	10	14	10	12×4	14×4	5
65	90×4	108×4	12	94	110	150	190	80	98	314	60	60	10	14	10	12×4	14×4	5
80	110×4.5	133×4	14	113	135	177	220	95	122	316	60	60	10	16	10	16×4	18×4	5
100	133×4.5	159×4.5	14	136	161	196	240	115	148	316	60	60	10	16	10	16×8	18×8	5
125	159×4.5	165×4.5	10	162	167	217	260	140	155	316	60	60	10	18	10	16×8	18×8	6
150	185×6	219×6	14	188	221	240	280	165	204	316	60	60	10	18	10	16×8	18×8	6
200	245×6	273×7	14	248	275	310	350	229	256	319	60	50	15	20	10	16×8	18×8	8
250	295×6	325×8	14	298	327	362	400	281	305	319	60	50	15	20	10	16×12	18×12	8
300	345×8	377×8	14	348	379	422	460	332	358	319	60	50	15	20	10	20×12	23×12	8
350	395×8	426×10	14	398	428	471	510	383	402	321	60	50	15	22	10	20×12	23×12	8
400	445×8	480×10	14	448	482	525	570	434	456	323	60	50	15	24	10	20×16	23×16	8

序号	名 称	规格及型号	材料	数量	单件 重量	总计 重量	备 注
	双头螺栓	M20×85		16	0.21	3.36	用于DN400
	双头螺栓	M20×80		12	0.20	2.40	用于DN300~DN350
9	双头螺栓	M16×75		8	0.12	0.96	用于DN100~DN250
	双头螺栓	M16×75		4	0.12	0.48	用于DN80~DN100
	双头螺栓	M12×70		4	0.06	2.40	用于DN50~DN65
	螺母	M20		16	0.06	0.96	用于DN400
	螺母	M20		12	0.06	0.72	用于DN300~DN350
8	螺母	M16		8	0.03	0.24	用于DN100~DN250
	螺母	M16		4	0.03	0.12	用于DN80~DN100
	螺母	M12		4	0.02	0.08	用于DN50~DN65

螺栓、螺母一览表

序号	名 称	规格及型号	材料	数量	单件 重量	总计 重量	备 注
9	双头螺栓						见螺栓、螺母一览表
8	螺母						见螺栓、螺母一览表
7	法兰盘	Q235-A	1				见"法兰盘"零件图
6	翼盘	Q235-A	1				见"翼盘"零件图
5	短节	Q235-A	1				见"短节"零件图
4	橡皮条	橡胶	2				见"橡皮条"零件图
3	挡圈	Q235-A	2				见"挡圈"零件图
2	翼环	Q235-A	2				见"翼环"零件图
1	套管	Q235或10号钢	1				见"套管"零件图

材 料 表

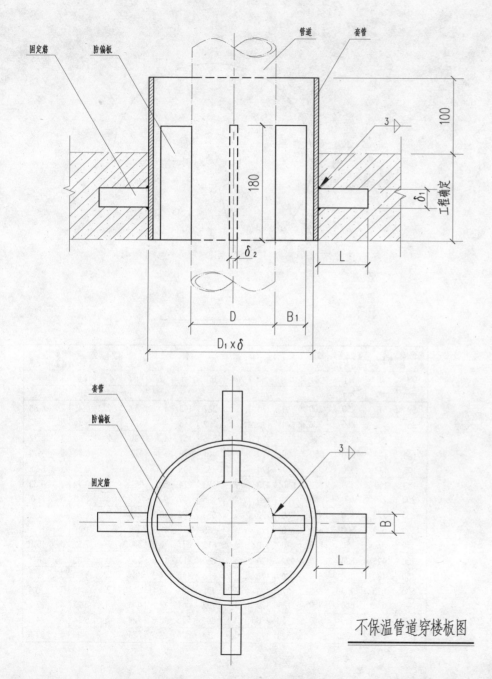

不保温管道穿楼板图

说明：
1. 当管径大于等于 250mm 时，套管可以现场焊制，套管壁厚不得小于 6mm。
2. 套管、固定筋、防偏板内外表面均应刷防锈漆两遍，调合漆两遍。
3. 套管应由土建预埋。
4. 参见图集01R409。

管子公称直径	管道外径	套管	固定筋				防偏板			
DN	D	$D_1 \times \delta$	$B \times \delta_1$	L	数量	重量	$B_1 \times \delta_2$	L	数量	重量
mm	mm	mm		mm		kg	mm		根	kg
25	32	57×3.5								
32	38	57×3.5								
40	45	89×4								
50	57	159×4.5	20×4	50	4	0.032	40×4	180	2	0.227
65	76	219×6	20×4	50	4	0.032	60×4	180	2	0.338
80	89	219×6	20×4	50	4	0.032	50×4	180	4	0.283
100	108	219×6	25×4	65	4	0.051	40×4	180	4	0.227
125	133	273×6	25×4	65	4	0.051	55×4	180	4	0.311
150	159	273×6	25×4	65	4	0.051	45×4	180	4	0.254
200	219	325×6	25×4	65	4	0.051	40×4	180	4	0.227
250	273	377×6	30×4	80	4	0.075	35×4	180	4	0.198
300	325	426×7	30×4	80	4	0.075	40×4	180	4	0.227
350	377	480×7	30×4	80	4	0.075	40×4	180	4	0.227
400	426	530×8	30×4	80	4	0.075	40×4	180	4	0.227
500	530	630×8	40×5	80	8	0.125	40×4	180	4	0.227
600	630	720×8	40×5	80	8	0.125	35×4	180	4	0.198
700	720	820×10	40×5	80	8	0.125	40×4	180	4	0.227
800	820	920×10	40×5	80	8	0.125	40×4	180	4	0.227

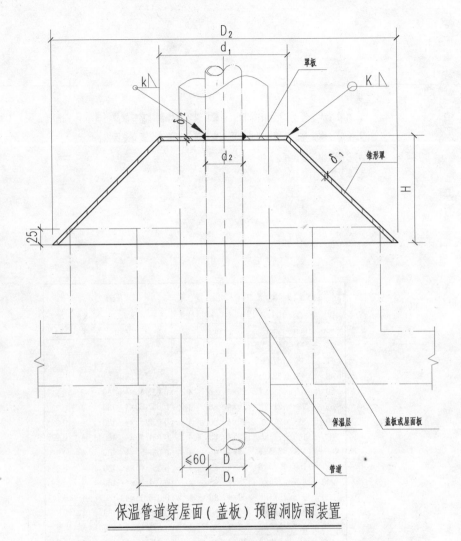

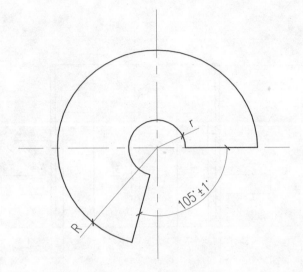

锥形罩展开图

保温管道穿屋面(盖板)预留洞防雨装置

管子公称直径	管子外径	盖板或屋面预留洞直径	锥形罩								罩板			焊脚高度	重量
DN	D	D₁	d₁	D₂	H	δ₁	R	r	重量	d₂	δ₂	重量	k	
mm	mm	mm				mm			kg	mm		kg	mm	kg
50	57	250	200	540	170	2	382	143	4.4	59	2	0.45	2	4.85
65	76	250	200	540	170	2	382	143	4.4	75	2	0.42	2	4.82
80	89	280	220	560	170	2	396	157	4.7	91	2	0.50	2	5.22
100	108	300	250	590	170	2	418	179	5.1	110	2	0.62	2	5.72
125	133	320	270	610	170	2	432	193	5.3	135	2	0.68	2	5.98
150	159	350	300	640	170	2	453	214	5.6	161	2	0.79	2	6.39
200	219	400	360	700	170	3	495	257	9.5	222	3	1.50	3	11.0
250	273	450	410	750	170	3	530	292	10.5	276	3	1.70	3	12.2
300	325	500	460	800	170	3	565	327	11.6	328	3	1.91	3	13.51
350	377	550	530	870	170	3	615	377	12.6	380	3	2.52	3	15.12
400	426	600	580	920	170	3	650	413	13.5	430	3	2.80	3	16.3
450	480	650	630	970	170	3	686	448	14.3	484	3	4.00	3	18.3
500	530	750	680	1020	170	3	721	483	16.1	534	3	4.40	3	20.5
600	630	850	780	1120	170	3	792	554	17.1	634	3	5.13	3	22.23
700	720	950	880	1220	170	3	863	625	18.8	724	3	6.14	3	24.94
800	820	1050	980	1320	170	3	934	696	20.7	824	3	6.90	3	27.6

说明:

1.管子穿盖板或屋面处的洞,应在设计时向土建专业提出,在施工时预留。

2.若管子外径与表列数据不同,罩板可根据管子外径现场配制。

3.若管子热膨胀是向下伸长,则锥形罩与盖板或屋面之间的间隙应加上管子的热膨胀量。

4.锥形罩和罩板内外表面均应刷防锈漆两遍,调合漆两遍。

5.管子穿洞处保温应≤60mm。

6.参见图集01R409。

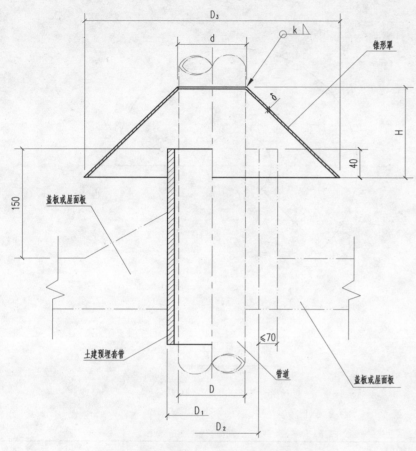

不保温管道穿屋面（盖板）预留洞防雨装置

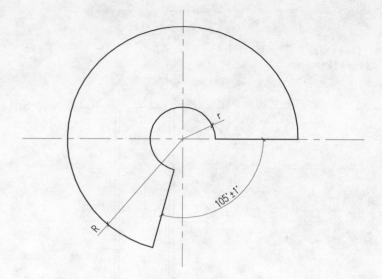

锥形罩展开图

说明:
1.管子外径在小于等于150mm时可采用预埋套管,大于150mm时应采用预留洞.
  套管或预留洞应在设计时向土建专业提出,在施工时预埋或预留.
2.若管子外径与表列数据不同,锥形罩可根据管子外径现场配制.
3.若管子热膨胀是向下伸长,则锥形罩与盖板或屋面之间的间隙应加上管子的热膨胀量.
4.锥形罩和罩板内外表面均应刷防锈漆两遍,调合漆两遍.
5.参见图集01R409.

管子公称直径	管子外径	套管外径	盖板或屋面预留洞直径	锥 形 罩						焊脚高度	重量
DN	D	D₁	D₂	d	D₃	H	δ	R	r	k	
mm	mm	mm	mm		mm					mm	kg
50	57	76	80	59	219 / 359	80 / 150	2	155 / 254	44	2	0.78 / 2.20
65	76	89	100	75	235 / 375	80 / 150	2	166 / 265	55	2	0.86 / 2.34
80	89	108	110	91	251 / 391	80 / 150	2	178 / 277	67	2	0.95 / 2.53
100	108	133	130	110	270 / 410	80 / 150	2	191 / 290	80	2	1.05 / 2.71
125	133	159	160	135	295 / 435	80 / 150	2	209 / 308	98	2	1.19 / 2.98
150	159	219	200	161	361 / 501	100 / 170	2	255 / 354	116	2	1.79 / 3.92
200	219		260	221	561	170	3	396	158	3	4.61
250	273		320	275	615	170	3	435	197	3	5.24
300	325		370	327	667	170	3	472	234	3	5.90
350	377		420	379	719	170	3	508	270	3	6.45
400	426		470	428	768	170	3	543	305	3	7.04
450	480		530	482	822	170	3	582	344	3	11.56
500	530		580	532	872	170	3	617	379	3	12.40
600	630		680	632	972	170	3	688	450	3	14.18
700	720		770	722	1062	170	3	750	512	3	15.70
800	820		870	822	1162	170	3	822	584	3	17.52

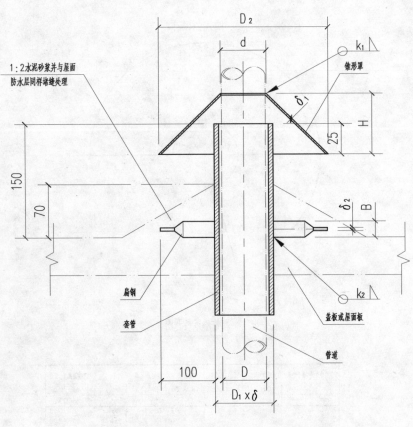

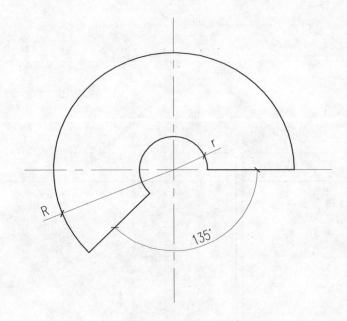

锥形罩展开图

不保温管道穿屋面（盖板）现场打洞防雨装置

说明：

1. 本装置适用于公称直径 DN150 以下的管道现场打洞，二次安装套管。
2. 套管亦可低压流体输送焊接钢管（GB/T 3092—1993）。
3. 若管子热膨胀是向下伸长，则锥形罩与盖板或屋面之间的间隙应加上管子的热膨胀量。
4. 锥形罩和罩板内外表面均应刷防锈漆两遍，调合漆两遍。
5. 若管子外径与表列数据不同，锥形罩可根据管子外径现场配制。
6. 扁钢按图示要求，两端扭转 90°后均匀焊接在套管上。
7. 参见图集01R409。

管子公称直径	管子外径	套 管		锥 形 罩							扁 钢			焊脚高度		重量
DN	D	$D_1 \times \delta$	重量	d	D_2	H	δ_1	R	r	重量	$B \times \delta_2$	数量	重量	k_1	k_2	
mm	mm	mm	kg	mm						kg	mm	件	kg	mm		kg
50	57	76×4	2.13	59	216	80	2	154	42	0.77	40×6	2	0.38	2	3	3.14
65	76	89×4	2.51	75	233	80	2	165	53	0.86	40×6	2	0.38	2	3	3.74
80	89	108×4	3.08	91	249	80	2	176	64	0.95	40×6	2	0.38	2	3	4.59
100	108	133×4	3.82	100	268	80	2	190	78	1.05	40×6	4	0.75	2	3	6.32
125	133	159×4.5	5.15	125	293	80	2	207	95	1.19	40×6	4	0.75	2	3	7.28
150	159	219×6	9.46	161	361	100	2	255	114	1.79	50×8	4	1.26	2	5	12.50

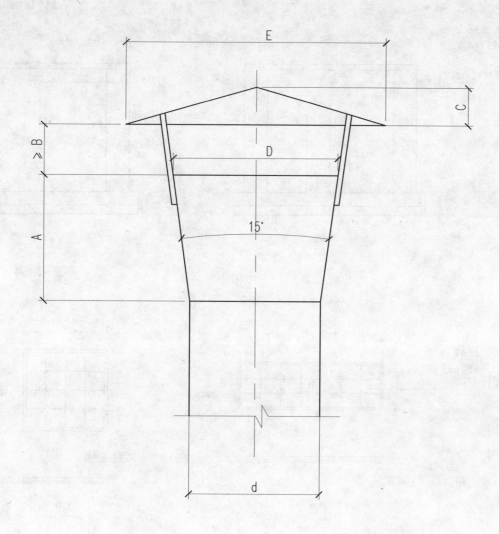

烟帽尺寸表

相关尺寸 烟囱直径 d(mm)	A (mm)	B (mm)	C (mm)	D (mm)	E (mm)
Φ200	200	80	60	252	400
Φ250	250	100	75	315	500
Φ300	300	120	90	378	600
Φ350	350	140	105	441	700
Φ400	400	160	120	504	800
Φ450	450	180	135	567	900
Φ500	500	200	150	630	1000
Φ550	550	220	165	693	1100
Φ600	600	240	180	756	1200
Φ650	650	260	195	819	1300
Φ700	700	280	210	882	1400
Φ750	750	300	225	945	1500
Φ800	800	320	240	1008	1600
Φ850	850	340	255	1071	1700
Φ900	900	360	270	1134	1800
Φ950	950	380	285	1197	1900
Φ1000	1000	400	300	1260	2000
Φ1050	1050	420	315	1323	2100
Φ1100	1100	440	330	1386	2200
Φ1150	1150	460	345	1449	2300
Φ1200	1200	480	360	1512	2400
Φ1250	1250	500	375	1575	2500
Φ1300	1300	520	390	1638	2600

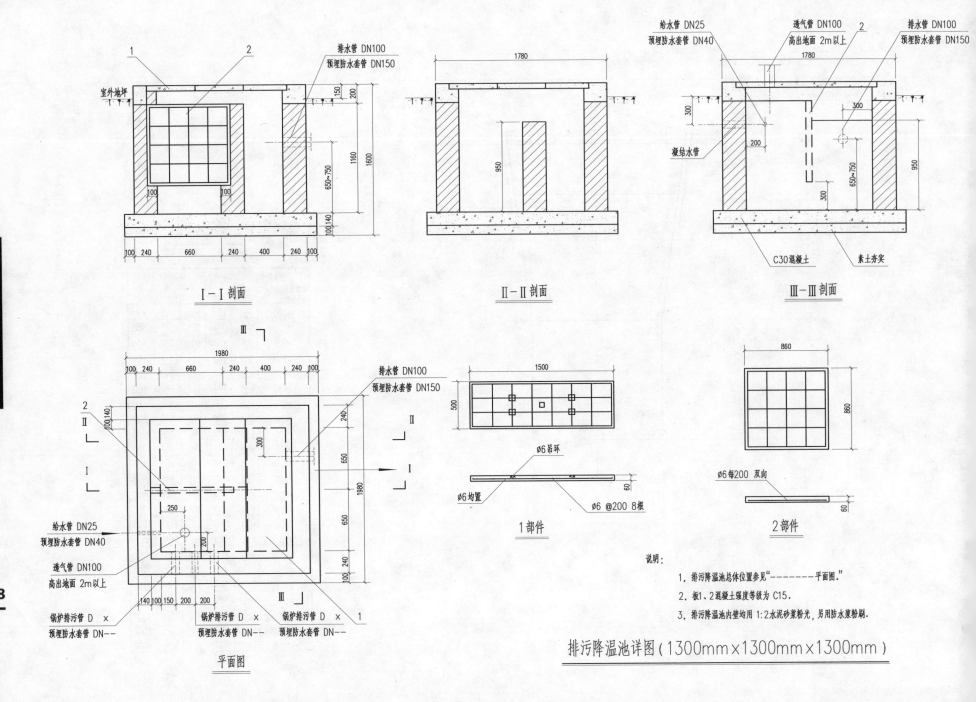

排水管 DN100
预埋防水套管 DN150

室外地坪

Ⅰ-Ⅰ剖面

给水管 DN25
预埋防水套管 DN40

透气管 DN100
高出地面 2m以上

排水管 DN100
预埋防水套管 DN150

凝结水管

Ⅱ-Ⅱ剖面

C30混凝土

素土夯实

Ⅲ-Ⅲ剖面

排水管 DN100
预埋防水套管 DN150

给水管 DN25
预埋防水套管 DN40

透气管 DN100
高出地面 2m以上

锅炉排污管 D ×
预埋防水套管 DN--

锅炉排污管 D ×
预埋防水套管 DN--

锅炉排污管 D ×
预埋防水套管 DN--

平面图

Ø6吊环

Ø6均置

Ø6 @200 8根

1部件

Ø6每200 双向

2部件

说明:

1. 排污降温池总体位置参见"-------平面图."

2. 板1、2混凝土强度等级为 C15.

3. 排污降温池内壁均用 1:2水泥砂浆粉光, 另用防水浆粉刷.

排污降温池详图(1300mm×1300mm×1300mm)

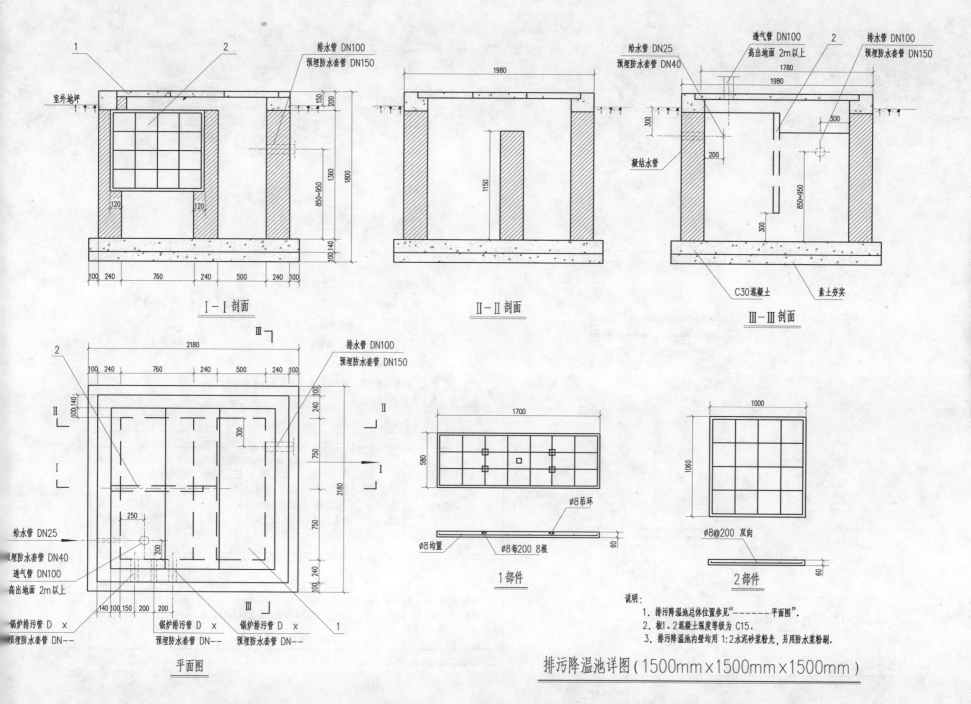

1

2

排水管 DN100
预埋防水套管 DN150

室外地坪

150
200

1360

1800

850~950

120

120

100 140

100 240 760 240 500 240 100

Ⅰ—Ⅰ剖面

1980

1150

Ⅱ—Ⅱ剖面

给水管 DN25
预埋防水套管 DN40

透气管 DN100
高出地面 2m 以上

2

排水管 DN100
预埋防水套管 DN150

1780

1980

300

300

200

凝结水管

850~950

300

C30混凝土

素土夯实

Ⅲ—Ⅲ剖面

2

Ⅲ

2180

100 240 760 240 500 240 100

排水管 DN100
预埋防水套管 DN150

100 140

Ⅱ

Ⅱ

300

750

2180

750

Ⅰ

Ⅰ

250

200

给水管 DN25
预埋防水套管 DN40
透气管 DN100
高出地面 2m 以上

锅炉排污管 D ×
预埋防水套管 DN——

140 100 150 200 200

Ⅲ

240

100

1

锅炉排污管 D ×
预埋防水套管 DN——

锅炉排污管 D ×
预埋防水套管 DN——

平面图

1700

580

Ø8吊环

Ø8均置

Ø8每200 8根

60

1部件

1000

1060

Ø8@200 双向

2部件

60

说明：
1. 排污降温池总体位置参见"----平面图".
2. 板1、2混凝土强度等级为 C15.
3. 排污降温池内壁均用 1:2水泥砂浆粉光，另用防水浆粉刷.

排污降温池详图（1500mm×1500mm×1500mm）

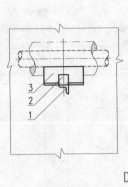
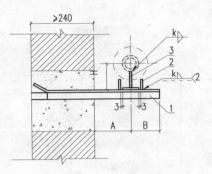

DN25~100

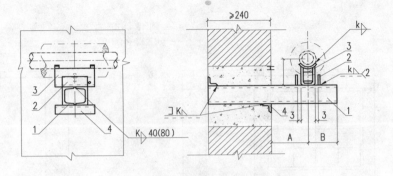

DN250、300

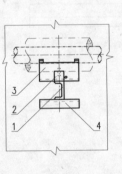
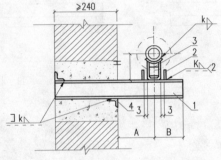

DN125

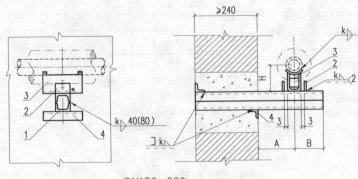

DN150、200

砖墙上保温单管导向滑动支架 DN25~300

说明：

1. 支架、支座及其零件均应涂上防锈漆两道。

2. 图中焊接部分采用 E4301电焊条焊接，焊缝高度 k 不小于被焊件最小厚度。

3. 焊接组合槽钢时，其断续焊缝在支座处应错开或铲平。

4. 件号 1(支梁)的件数，当管道直径为 DN25~125时为1件，当管道直径为 DN150~300时为2件。

5. 件号 2(导向板)高 30mm,长度与支梁的宽度相等。

6. 参见图集01R415。

尺 寸 表												
公称直径DN	25	32	40	50	65	80	100	125	150	200	250	300
管子外径 D	32	38	45	57	76	89	108	133	159	219	273	325
A(mm)	190	200	210	220	230	240	250	270	300	330	370	400
B(mm)	70	70	70	80	90	100	120	120	150	180	210	230
H(mm)	116	119	123	129	158	165	174	187	230	260	287	313
洞高(mm)	240	240	240	240	240	240	240	370	370	370	370	370
洞宽(零件4长度)	240	240	240	240	240	240	240	240	240	240	370	370

件号	图号	名称	件数												
4	本图	加固角钢	2	—	—	—	—	—	—	—	40×4	40×4	40×4	40×4	40×4
3	零件图(二)	支座	1	N1	N2	N3	N4	N5	N6	N7	N8	N9	N10	N11	N12
2	本图	导向板	2	-30×10	-30×10	-30×10	-30×10	-30×10	-30×10	-30×10	-30×10	-30×10	-30×10	-30×10	-30×10
1	本图	支梁	1(2)	L36×4	L36×4	L45×4	L45×5	L56×4	L63×5	L63×5	〔8	〔5	〔6.3	〔8	〔10
零件				材 料 规 格											

明 细 表

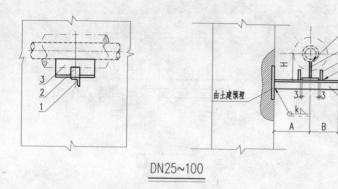

DN25~100

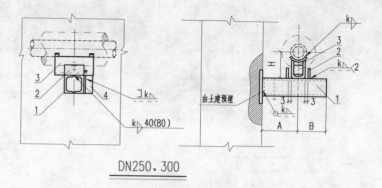

DN250、300

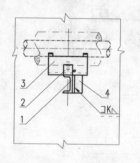

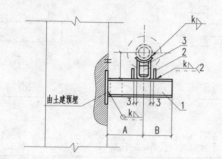

DN125

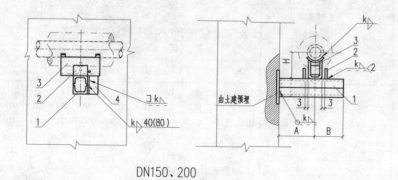

DN150、200

焊于混凝土柱预埋钢板上保温单管导向滑动支架　DN25~300

说明:

1. 支架、支座及其零件均应涂上防锈漆两道。

2. 图中焊接部分采用 E4301电焊条焊接,焊缝高度 k不小于被焊件最小厚度。

3. 焊接组合槽钢时,其断续焊缝在支座处应错开或铲平。

4. 件号 1(支梁)的件数,当管道直径为 DN25~125时为 1件,当管道直径为 DN150~300时为2件。

5. 件号 2(导向板)高 30mm,长度与支梁的宽度相等。

6. 参见图集01R415。

尺 寸 表

公称直径 DN	25	32	40	50	65	80	100	125	150	200	250	300
管子外径 D	32	38	45	57	76	89	108	133	159	219	273	325
A(mm)	190	200	210	220	230	240	250	270	300	330	370	400
B(mm)	70	70	70	80	90	100	120	120	150	180	210	230
H(mm)	116	119	123	129	158	165	174	187	230	260	287	313
洞高(mm)	240	240	240	240	240	240	240	370	370	370	370	370
洞宽(mm)	240	240	240	240	240	240	240	240	240	240	370	370
零件 4长度	--	--	--	--	--	--	--	80	74	80	80	100

件号	图号	名称	件数													
4	本图	加固角钢	1	--	--	--	--	--	--	--	L50x4	L63x4	L63x4	L63x4	L63x4
3	零件图(二)	支座	1	N1	N2	N3	N4	N5	N6	N7	N8	N9	N10	N11	N12
2	本图	导向板	2	-30x10	-30x10	-30x10	-30x10	-30x10	-30x10	-30x10	-30x10	-30x10	-30x10	-30x10	-30x10
1	本图	支梁	1(2)	L36x4	L36x4	L45x4	L45x5	L56x4	L63x5	L63x5	[8	[5	[6.3	[8	[10
件号	图号	名称	件数	材 料 规 格											

零件

明 细 表

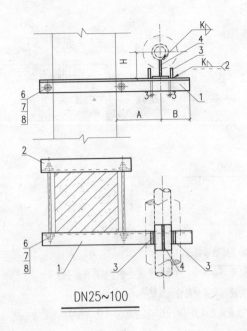

DN25~100

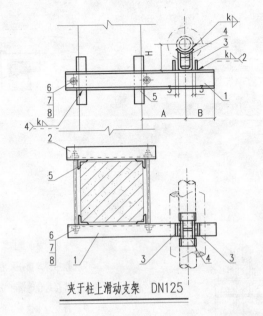

夹于柱上滑动支架　DN125

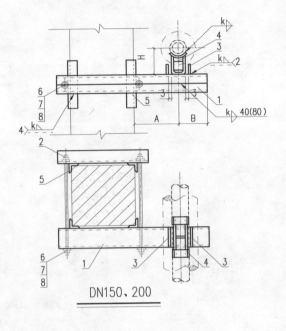

DN150、200

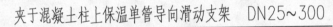

夹于混凝土柱上保温单管导向滑动支架　DN25~300

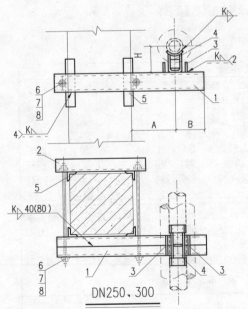

DN250、300

说明:

1. 支架、支座及其零件均应涂上防锈漆两道。

2. 图中焊接部分采用 E4301电焊条焊接，焊缝高度 k不小于被焊件最小厚度。

3. 焊接组合槽钢时，其断续焊缝在支座处应错开或铲平。

4. 件号 1(支梁)的件数，当管道直径为 DN25~125时为1件，当管道直径为 DN150~300时为2件。

5. 件号 3(导向板)高 30mm,长度与支梁的宽度相等。

6. 参见图集01R415。

		尺　寸　表												
公称直径　DN		25	32	40	50	65	80	100	125	150	200	250	300
管子外径　D		32	38	45	57	76	89	108	133	159	219	273	325
A (mm)		190	200	210	220	230	240	250	270	300	330	370	400
B (mm)		70	70	70	80	90	100	120	120	150	180	210	230
H (mm)		116	119	123	129	158	165	174	187	230	260	287	313
零件5长度 (mm)		–	–	–	–	–	–	–	180	150	180	180	200
8	GB/T95-85	垫圈	4	12	12	12	12	14	14	14	14	16	16	16	16
7	GB/T6170-2000	螺母	4	M12	M12	M12	M12	M14	M14	M14	M14	M16	M16	M16	M16
6	零件图(一)	双头螺栓	2	M12	M12	M12	M12	M14	M14	M14	M14	M16	M16	M16	M16
5	本图	加固角钢	4	–	–	–	–	–	–	–	L40x4	L40x4	L40x4	L40x4	L40x4
4	零件图(二)	支座	1	N1	N2	N3	N4	N5	N6	N7	N8	N9	N10	N11	N12
3	本图	导向板	2	∟40x5	∟40x5	∟40x5	∟40x5	∟40x5	∟50x5	∟50x5	∟50x5	-30x10	-30x10	-30x10	-30x10
2	零件图(一)	夹紧梁	1	L36x4	L36x4	L45x4	L45x4	L56x4	L63x4	L63x5	L63x5	L63x4	L63x4	L63x4	L63x4
1	零件图(一)	支梁	1(2)	L36x4	L36x4	L45x4	L45x4	L56x4	L63x5	L63x5	⊏8	⊏5	⊏6.3	⊏8	⊏10
件号	图号	名称	件数	材　料　规　格											
		零件													
				明　细　表											

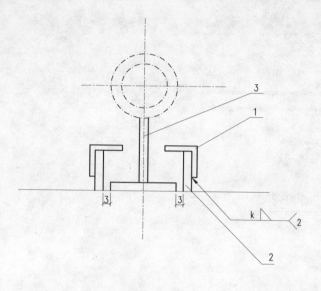

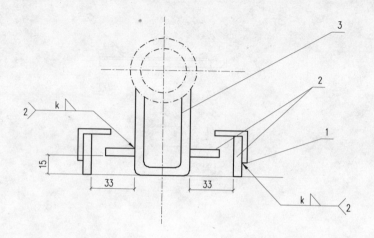

轴向型导向滑动支架

公称直径 DN			25	32	40	50	65	80	100	125	150	200	250	300
3	零件图(二)	支座	1	N1	N2	N3	N4	N5	N6	N7	N8	N9	N10	N11	N12
2	本图	导向板2	2(4)	-30x10	-30x10	-30x10	-30x10	-30x10	-30x10	-30x10	-30x10	-30x10	-30x10	-30x10	-30x10
1	本图	导向板1	2	L25x4	L25x4	L25x4	L25x4	L25x4	L25x4	L25x4	L25x4	L25x4	L25x4	L25x4	L25x4
件号	图号	名称	件数												
零件				材　料　规　格											
				明　　细　　表											

43

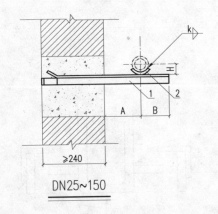

DN25~150

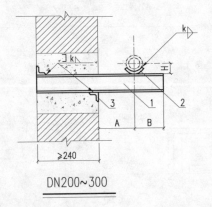

DN200~300

砖墙上不保温单管滑动支架　　DN25~300

说明：

1. 支架、支座及其零件均应涂上防锈漆两道。

2. 图中焊接部分采用 E4301电焊条焊接，焊缝高度 k 不小于被焊件最小厚度。

3. 参见图集95R417-1。

尺 寸 表

公称直径　DN	25	32	40	50	65	80	100	125	150	200	250	300
管子外径　D	32	38	45	57	76	89	108	133	159	219	273	325
A (mm)	120	120	130	130	140	150	160	170	180	210	240	270
B (mm)	50	50	60	60	70	80	80	100	110	140	160	180
H (mm)	18	21	25	31	40	47	56	70	83	113	140	166
洞高(mm)	240	240	240	240	240	240	240	240	240	370	370	370
洞宽(零件3长度)	—	—	—	—	—	—	—	—	—	240	240	370

件号	图号	名称	件数												材料规格		
3	本图	加固角钢	2	—	—	—	—	—	—	—	—	—	L40x4	L40x4	L40x4
2	零件图(三)	支座	1	N1	N2	N3	N4	N5	N6	N7	N8	N9	N10	N11	N12
1	本图	支梁	1	L20x3	L20x3	L20x3	L25x4	L36x4	L36x4	L45x4	L50x5	L63x5	⊏6.3	⊏ 10	⊏12.6

零件

明 细 表

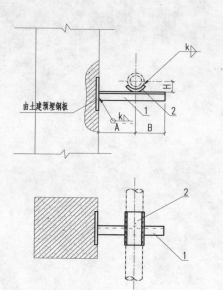

DN25~150

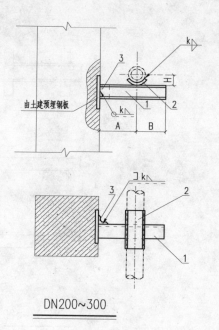

DN200~300

焊于混凝土柱预埋钢板上不保温单管滑动支架 DN25~300

尺　寸　表												
公称直径　DN	25	32	40	50	65	80	100	125	150	200	250	300
管子外径　D	32	38	45	57	76	89	108	133	159	219	273	325
A（mm）	120	120	130	130	140	150	160	170	180	210	240	270
B（mm）	50	50	60	60	70	80	80	100	110	140	160	180
H（mm）	18	21	25	31	40	47	56	70	83	113	140	166
洞高(mm)	240	240	240	240	240	240	240	240	240	370	370	370
零件3长度	－	－	－	－	－	－	－	－	－	63	100	126

件号	图号	名称	件数													
3	本图	加固角钢	1	－	－	－	－	－	－	－	－	－	L63x4	L63x4	L63x4
2	零件图(三)	支座	1	N1	N2	N3	N4	N5	N6	N7	N8	N9	N10	N11	N12
1	本图	支架	1	L20x3	L20x3	L20x3	L25x4	L36x4	L36x4	L45x4	L50x5	L63x5	⊏6.3	⊏10	⊏12.6
件号	图号	名称	件数	材料规格											
	零件														
明　　细　　表															

说明：

1. 支架、支座及其零件均应涂上防锈漆两道。

2. 图中焊接部分采用 E4301 电焊条焊接，焊缝高度 k 不小于被焊件最小厚度。

3. 参见图集95R417-1。

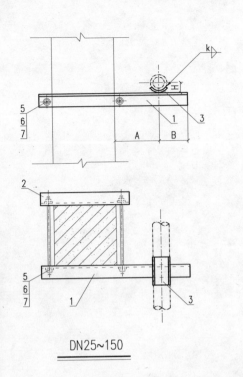

DN25~150

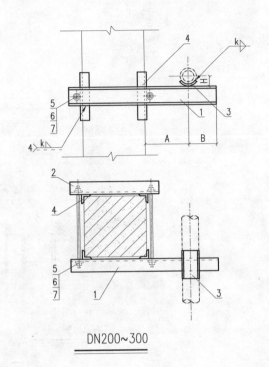

DN200~300

夹于混凝土柱上不保温单管滑动支架　DN25~300

说明：

1. 支架、支座及其零件均应涂上防锈漆两道。

2. 图中焊接部分采用 E4301电焊条焊接，焊缝高度k不小于被焊件最小厚度。

3. 参见图集95R417-1。

尺寸表

公称直径DN	25	32	40	50	65	80	100	125	150	200	250	300
管子外径 D	32	38	45	57	76	89	108	133	159	219	273	325
A (mm)	120	120	130	130	140	150	160	170	180	210	240	270
B (mm)	50	50	60	60	70	80	80	100	110	140	160	180
H (mm)	18	21	25	31	40	47	56	70	83	113	140	166
零件4长度	—	—	—	—	—	—	—	—	—	160	200	220

明细表

件号	图号	名称	件数	材料规格												
7	GB/T95-85	垫圈	4	10	10	10	10	12	12	12	12	14	14	14	14
6	GB/T6170-2000	螺母	4	M10	M10	M10	M10	M12	M12	M12	M12	M14	M14	M14	M14
5	零件图(一)	双头螺栓	2	M10	M10	M10	M10	M12	M12	M12	M12	M14	M14	M14	M14
4	本图	加固角钢	4	—	—	—	—	—	—	—	—	—	L40x4	L40x4	L40x4
3	零件图(三)	支座	1	N1	N2	N3	N4	N5	N6	N7	N8	N9	N10	N11	N12
2	零件图(一)	夹紧梁	1	L20x3	L20x3	L20x3	L25x4	L36x4	L36x4	L45x4	L50x5	L63x4	L63x4	L63x4	L63x4
1	零件图(一)	支架	1	L20x3	L20x3	L20x3	L25x4	L36x4	L36x4	L45x4	L50x5	L63x4	⊏6.3	⊏10	⊏12.6
件号	图号	名称	件数	材料规格												
		零件														

室内支架安装图

3.2　滑动支架安装图
3.2.1　单管滑动支架水平安装详图

滑动支架安装详图（水平、垂直）
单管滑动支架水平安装详图

3.2.1(4)　穿墙不保温单管滑动支架DN25~300

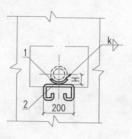
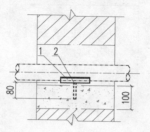

穿墙不保温单管滑动支架 DN25~300

说明：

1. 支架、支座及其零件均应涂上防锈漆两道。

2. 图中焊接部分采用 E4301电焊条焊接，焊缝高度 k 不小于被焊件最小厚度。

3. 墙洞尺寸由现场决定，但墙壁与管外壁距离不小于 50mm。

4. 参见图集95R417-1。

尺　寸　表												
公称直径 DN	25	32	40	50	65	80	100	125	150	200	250	300
管子外径 D	32	38	45	57	76	89	108	133	159	219	273	325
H （mm）	18	21	25	31	40	47	56	70	83	113	140	166

件号	图号	名称	件数	材料规格											
2	GB/T702-86	圆钢	1	D12	D12	D12	D12	D16	D16	D16	D16	D20	D20	D20	D20
1	零件图(三)	支座	1	N1	N2	N3	N4	N5	N6	N7	N8	N9	N10	N11	N12
零件				明　细　表											

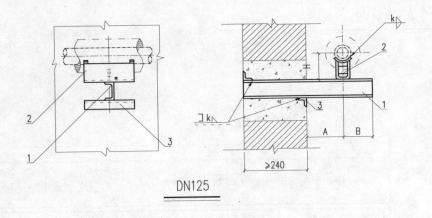

DN25~100

DN125

砖墙上保温单管滑动支架　DN25~125

说明:

1. 支架、支座及其零件均应涂上防锈漆两道。

2. 图中焊接部分采用 E4301电焊条焊接, 焊缝高度k不小于被焊件最小厚度。

3. 参见图集95R417-1。

尺　寸　表								
公称直径　DN	25	32	40	50	65	80	100	125
管子外径　D	32	38	45	57	76	89	108	133
A (mm)	190	200	210	220	230	240	250	270
B (mm)	70	70	70	80	90	100	120	120
H (mm)	116	119	123	129	158	165	174	187
洞高(mm)	240	240	240	240	240	240	240	370
洞宽(零件2长度)	240	240	240	240	240	240	240	240

件号	图号	名称	件数	材料规格							
3	本图	加固角钢	2	–	–	–	–	–	–	–	L40x4
2	零件图(二)	支座	1	N1	N2	N3	N4	N5	N6	N7	N8
1	本图	支梁	1	L36x4	L36x4	L45x4	L45x4	L56x4	L63x5	L63x5	⊏8
零件				明　细　表							

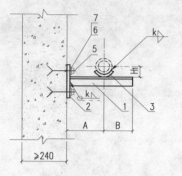

DN25~150

墙上滑动支架
（不保温管）

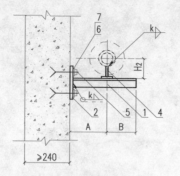

DN25~150

墙上滑动支架
（保温管）

钢板尺寸图

（零件2）

说明：

1. 支架、支座及其零件均应涂上防锈漆两道。

2. 图中焊接部分采用 E4301 电焊条焊接，焊缝高度 k 不小于被焊件最小厚度。

3. 尺寸表中带括号的数字适用于保温管道支架。

4. 参见图集95R417-1。

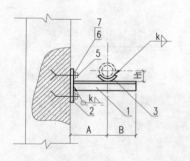

DN25~150

柱上滑动支架
（不保温管）

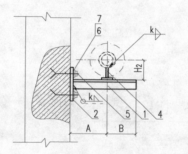

DN25~150

柱上滑动支架
（保温管）

砖墙及混凝土柱上保温及不保温单管滑动支架　DN25~150

（膨胀螺栓固定）

尺　寸　表

公称直径　DN	25	32	40	50	65	80	100	125	150
管子外径　D	32	38	45	57	76	89	108	133	159
A (mm)	120	120	130	130	140	150	160	170	180
	(190)	(200)	(210)	(220)	(230)	(240)	(250)	(270)	(300)
B (mm)	50	50	60	60	70	80	80	100	110
C (mm)	20	20	20	20	20	20	20	35	35
D (mm)	80	80	80	80	80	80	80	120	120
E (mm)	30	30	30	30	30	30	30	45	45
K (mm)	20	20	20	20	20	20	20	30	30
H₁ (mm)	18	21	25	31	40	47	56	70	83
H₂ (mm)	116	119	123	129	158	165	174	187	230

件号	图号	名称	件数						材料规格			
7	GB/T95-85	垫圈	2	10	10	10	10	10	10	10	12	16
6	GB6170-2000	螺母	2	M10	M10	M10	M10	M10	M10	M10	M12	M16
5	—	膨胀螺栓	2	M10	M10	M10	M10	M10	M10	M10	M12	M16
4	零件图（二）	支座	1	N1	N2	N3	N4	N5	N6	N7	N8	N8
3	零件图（三）	支座	1	N1	N2	N3	N4	N5	N6	N7	N8	N8
2	本图	钢板	1	120×60×6							190×90×8	
1	本图	支架	1	L40×4							L63×6	

零件　　　　　　　**材料规格**

明　细　表

建筑工程设计专业图库

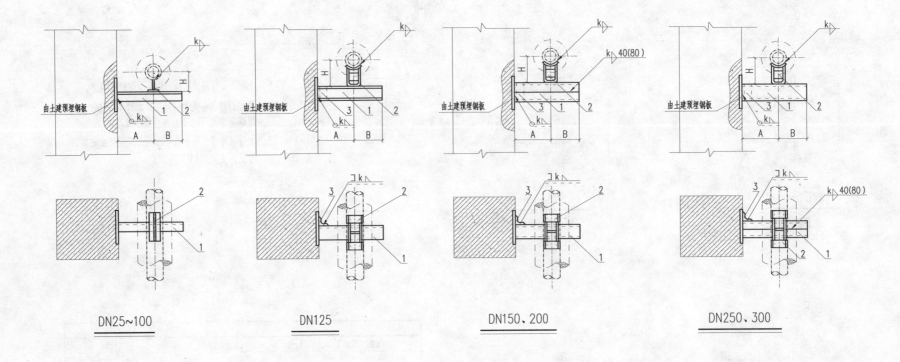

DN25~100　　　　DN125　　　　DN150、200　　　　DN250、300

焊于混凝土柱预埋钢板上保温单管滑动支架　DN25~300

说明：

1. 支架、支座及其零件均应涂上防锈漆两道。

2. 图中焊接部分采用 E4301 电焊条焊接，焊缝高度k不小于被焊件最小厚度。

3. 焊接组合槽钢时，其断续焊缝在支座处应错开或铲平。

4. 件号1（支梁）的件数，当管道直径为 DN25~125时为 1件，当管道直径为
DN150~300时为 2件。

5. 参见图集95R417-1。

尺　寸　表												
公称直径 DN	25	32	40	50	65	80	100	125	150	200	250	300
管子外径 D	32	38	45	57	76	89	108	133	159	219	273	325
A (mm)	190	200	210	220	230	240	250	270	300	330	370	400
B (mm)	70	70	70	80	90	100	120	120	150	180	210	230
H (mm)	116	119	123	129	158	165	174	187	230	260	287	313
零件3长度	—	—	—	—	—	—	—	—	80	74	80	80	100

件号	图号	名称	件数	材　料　规　格											
3	本图	加固角钢	1	—	—	—	—	—	—	—	L63×4	L63×4	L63×4	L63×4	L63×4
2	零件图（二）	支座	1	N1	N2	N3	N4	N5	N6	N7	N8	N9	N10	N11	N12
1	零件图（一）	支梁	1(2)	L36×4	L36×4	L45×4	L45×5	L56×4	L63×5	L63×5	〔8	〔5	〔6.3	〔8	〔10
零件				明　细　表											

室内支架安装图

3.2 滑动支架安装图
3.2.1 单管滑动支架安装详图（水平、垂直）

3.2.1 单管滑动支架水平安装详图

3.2.1(8) 夹于混凝土柱上保温单管滑动支架DN25~300

51

建筑工程设计专业图库

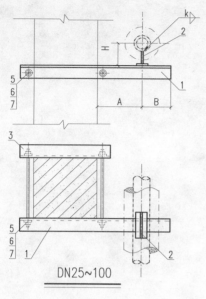

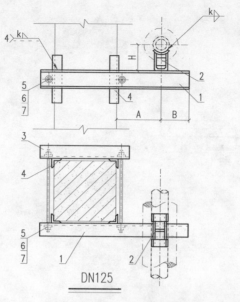

DN125

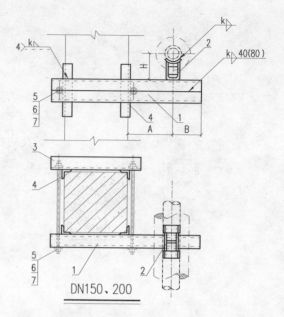

DN150、200

DN25~100

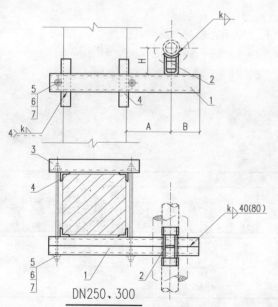

DN250、300

夹于混凝土柱上保温单管滑动支架 DN25~300

说明:1. 支架、支座及其零件均应涂上防锈漆两道。
　　　2. 图中焊接部分采用 E4301电焊条焊接, 焊缝高度 k 不小于被焊件最小厚度。
　　　3. 焊接组合槽钢时, 其断续焊缝在支座处应错开或铲平。
　　　4. 件号 1（支梁）的件数, 当管道直径为 DN25~125时为1件, 当管道直径为DN150~300时为2件.
　　　5. 参见图集95R417-1。

		尺 寸 表												
公称直径	DN		25	32	40	50	65	80	100	125	150	200	250	300
管子外径	D		32	38	45	57	76	89	108	133	159	219	273	325
A (mm)			190	200	210	220	230	240	250	270	300	330	370	400
B (mm)			70	70	70	80	90	100	120	120	150	180	210	230
H (mm)			116	119	123	129	158	165	174	187	230	260	287	313
零件4长度			—	—	—	—	—	—	—	180	150	180	180	200
7	GB/T95-85	垫圈	4	12	12	12	12	14	14	14	14	16	16	16	16
6	GB/T6170-2000	螺母	4	M12	M12	M12	M12	M14	M14	M14	M14	M16	M16	M16	M16
5	零件图(一)	双头螺栓	2	M12	M12	M12	M12	M14	M14	M14	M14	M16	M16	M16	M16
4	本图	加固角钢	4	—	—	—	—	—	—	—	L40x4	L40x4	L40x4	L40x4	L40x4
3	本图	夹紧梁	1	L36x4	L36x4	L45x4	L45x5	L56x4	L63x5	L63x5	L63x4	L63x4	L63x4	L63x4	L63x4
2	零件图(二)	支座	1	N1	N2	N3	N4	N5	N6	N7	N8	N9	N10	N11	N12
1	零件图(一)	支梁	1(2)	L36x4	L36x4	L45x4	L45x5	L56x4	L63x5	L63x5	⊏ 8	⊏ 5	⊏ 6.3	⊏ 8	⊏ 10
件号	图号	名称	件数	材料规格											
		零件													
				明　细　表											

室内支架安装图

3.2 滑动支架安装详图(水平·垂直)
3.2.1 单管滑动支架水平安装详图

3.2.1(9)

穿墙保温单管滑动
支架 DN25～300

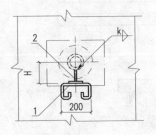
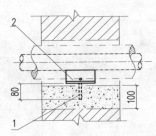

DN25~100

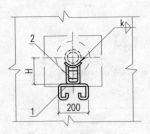
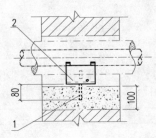

DN125~300

穿墙保温单管滑动支架 DN25~300

说明：

1. 支架、支座及其零件均应涂上防锈漆两道。

2. 图中焊接部分采用 E4301电焊条焊接，焊缝高度 k 不小于被焊件最小厚度。

3. 墙洞尺寸由现场决定，但墙壁与管道保温层外壁距离不小于 100mm。

4. 参见图集95R417-1。

尺　寸　表													
公称直径	DN	25	32	40	50	65	80	100	125	150	200	250	300
管子外径	D	32	38	45	57	76	89	108	133	159	219	273	325
H	(mm)	116	119	123	129	158	165	174	187	230	260	287	313

2	零件图(二)	支座	1	N1	N2	N3	N4	N5	N6	N7	N8	N9	N10	N11	N12
1	GB/T702-86	圆钢	1	Ø12	Ø12	Ø12	Ø12	Ø16	Ø16	Ø16	Ø16	Ø20	Ø20	Ø20	Ø20
件号	图号	名称	件数	材料规格											
	零件														
	明　细　表														

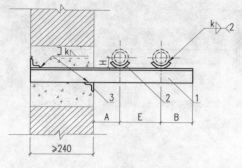

DN25~80

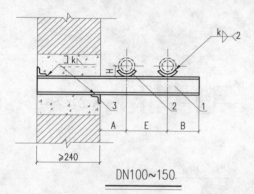

DN100~150

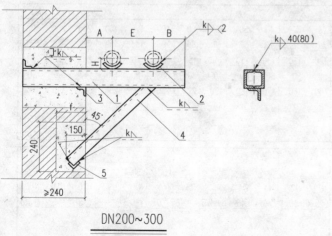

DN200~300

尺 寸 表												
公称直径 DN	25	32	40	50	65	80	100	125	150	200	250	300
管子外径 D	32	38	45	57	76	89	108	133	159	219	273	325
A (mm)	120	120	130	130	140	150	160	170	180	210	240	270
B (mm)	50	50	60	60	70	80	80	100	110	140	160	180
E (mm)	150	160	170	180	190	210	230	250	280	340	390	450
H (mm)	18	21	25	31	40	47	56	70	83	113	140	165
f (mm)	180	180	180	180	180	180	180	180	180	240	240	240
洞高(mm)	240	240	240	240	240	240	240	240	240	370	370	370
(零件3长度)	240	240	240	240	240	240	240	240	240	370	370	490
零件4长度	-	-	-	-	-	-	-	-	-	~990	~1100	~1250
斜撑洞宽(零件5长度)	-	-	-	-	-	-	-	-	-	240	240	240

件号	图号	名称	件数	材 料 规 格											
5	本图	加固角钢	1	-	-	-	-	-	-	-	-	-	L40x4	L40x4	L40x4
4	本图	斜撑	1	-	-	-	-	-	-	-	-	-	L30x4	L30x4	L36x4
3	本图	加固角钢	2	L40x4	L40x4	L40x4	L40x4	L40x4	L40x4	L40x4	L40x4	L40x4	L40x4	L40x4	L40x4
2	零件图(三)	支座	2	N1	N2	N3	N4	N5	N6	N7	N8	N9	N10	N11	N12
1	本图	支梁	1或2	L25x4	L30x4	L36x4	L45x4	L63x4	L70x8	[5	[6.3	[10	[5	[5	[6.3
零件				明 细 表											

k ∇ 40(80)

说明:
1. 支架、支座及其零件均应涂上防锈漆两道。
2. 图中焊接部采用 E4301电焊条焊接,焊缝高度k不小于被焊件最小厚度。
3. 焊接组合槽钢时,其断续焊缝在支座处应错开或铲平。
4. 件号1(支梁)的件数,当管道直径为 DN25~150时为1件,当管道直径为 DN200~300时为 2件。
5. 参见图集95R417-1。

砖墙上不保温双管滑动支架 DN25~300

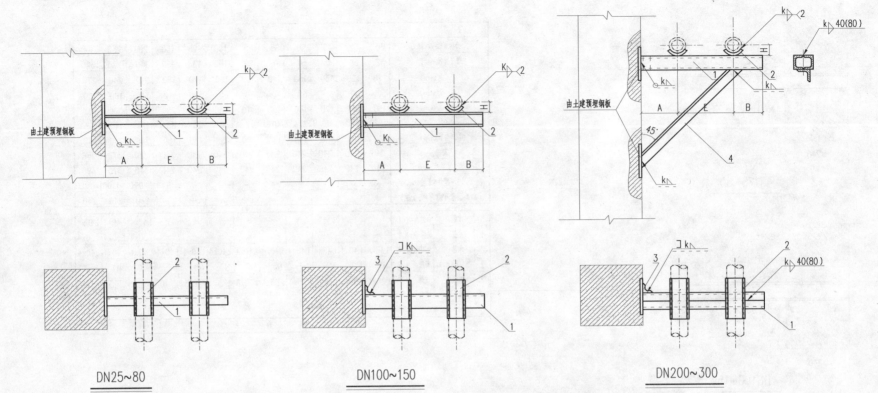

DN25~80　　　　DN100~150　　　　DN200~300

焊于混凝土柱预埋钢板上不保温双管滑动支架　DN25~300

说明:

1. 支架、支座及其零件均应涂上防锈漆两道。

2. 图中焊接部分采用 E4301 电焊条焊接,焊缝高度k不小于被焊件最小厚度。

3. 焊接组合槽钢时,其断续焊缝在支座处应错开或铲平。

4. 件号 1(支架)的件数,当管道直径为 DN25~150时为 1件,当管道直径为 DN200~300时为 2件。

5. 尺寸表中零件 4长度系按夹于混凝土柱上支架安装尺寸计算的。

6. 参见图集95R417-1。

尺　寸　表

公称直径 DN	25	32	40	50	65	80	100	125	150	200	250	300
管子外径 D	32	38	45	57	76	89	108	133	159	219	273	325
A (mm)	120	120	130	130	140	150	160	170	210	240	270	
B (mm)	50	50	60	60	70	80	80	100	110	140	160	180
E (mm)	150	160	170	180	190	210	230	250	280	340	390	450
H (mm)	18	21	25	31	40	47	56	70	83	113	140	165
零件3长度	–	–	–	–	–	–	50	63	100	50	50	63
零件4长度	–	–	–	–	–	–	–	–	–	~850	~960	~1100

件号	图号	名称	件数							材　料　规　格					
4	本图	斜撑	1	–	–	–	–	–	–	–	–	–	L30×4	L30×4	L36×4
3	本图	加固角钢	1							L50×4	L50×4	L63×4	L63×4	L63×4	L63×4
2	零件图(三)	支座	2	N1	N2	N3	N4	N5	N6	N7	N8	N9	N10	N11	N12
1	本图	支架	1(2)	L25×4	L30×4	L36×4	L45×4	L63×5	L70×8	[5	[6.3	[10	[5	[5	[6.3
零件				明　　细　　表											

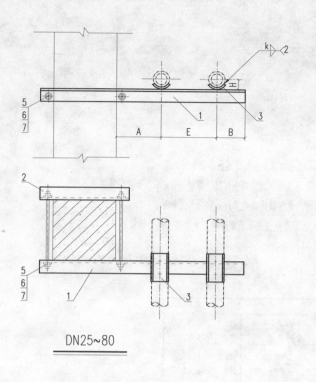

DN25~80

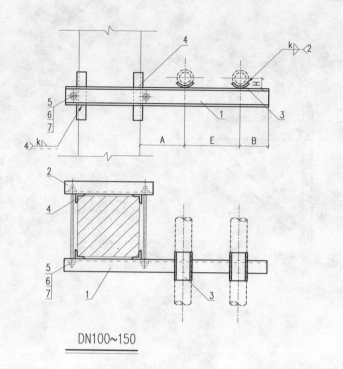

DN100~150

夹于混凝土柱上不保温双管滑动支架 DN25~150

说明:

1. 支架、支座及其零件均应涂上防锈漆两道。

2. 图中焊接部分采用 E4301电焊条焊接，焊缝高度 k 不小于被焊件最小厚度。

3. 参见图集95R417-1。

尺寸表

公称直径 DN	25	32	40	50	65	80	100	125	150
管子外径 D	32	38	45	57	76	89	108	133	159
A (mm)	120	120	130	130	140	150	160	170	180
B (mm)	50	50	60	60	70	80	80	100	110
E (mm)	150	160	170	180	190	210	230	250	280
H (mm)	18	21	25	31	40	47	56	70	83
零件4长度	——	——	——	——	——	——	150	163	200

明细表

件号	图号	名称	件数									
7	GB95-85	垫圈	4	10	10	10	10	12	12	12	12	14
6	GB41-86	螺母	4	M10	M10	M10	M10	M12	M12	M12	M12	M14
5	零件图(一)	双头螺栓	2	M10	M10	M10	M10	M12	M12	M12	M12	M14
4	本图	加固角钢	4	-	-	-	-	-	-	L40×4	L40×4	L40×4
3	零件图(三)	支座	2	N1	N2	N3	N4	N5	N6	N7	N8	N9
2	零件图(一)	夹紧梁	1	L25×3	L25×4	L30×4	L45×4	L50×5	L63×5	L63×4	L63×4	L63×4
1	零件图(一)	支梁	1	L25×4	L30×4	L36×4	L45×4	L63×5	L70×8	⌷5	⌷6.3	⌷10
件号	图号	名称	件数									
	零件							材料规格				

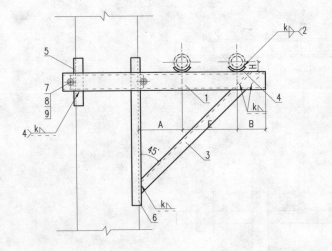

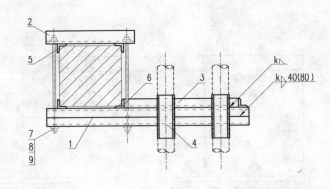

夹于混凝土柱上不保温双管滑动支架　DN200~300

说明：

1. 支架、支座及其零件均应涂上防锈漆两道。

2. 图中焊接部分采用 E4301电焊条焊接，焊缝高度k不小于被焊件最小厚度。

3. 焊接组合槽钢时，其断续焊缝在支座处应错开或铲平。

4. 尺寸表中零件 3长度系按夹于混凝土柱上支架安装尺寸计算的。

5. 参见图集95R417-1。

尺　　寸　　表			
公称直径DN	200	250	300
管子外径 D	219	273	325
A (mm)	210	240	270
B (mm)	140	160	180
E (mm)	340	390	450
H (mm)	113	140	165
零件3长度	~850	~960	~1100
零件5长度	150	150	160
零件6长度	800	900	1100

件号	图号	名称	件数	材料规格		
9	GB95-85	垫圈	4	16	16	16
8	GB41-86	螺母	4	M16	M16	M16
7	零件图(一)	双头螺栓	2	M16	M16	M16
6	本图	加固角钢	1	L40x4	L40x4	L40x4
5	本图	加固角钢	3	L40x4	L40x4	L40x4
4	零件图(三)	支座	2	N10	N11	N12
3	本图	斜撑	1	L30x4	L30x4	L36x4
2	零件图(一)	夹紧梁	1	L63x4	L63x4	L63x4
1	零件图(一)	支架	2	⊏5	⊏5	⊏6.3
件号	图号	名称	件数	材料规格		
零件				明　细　表		

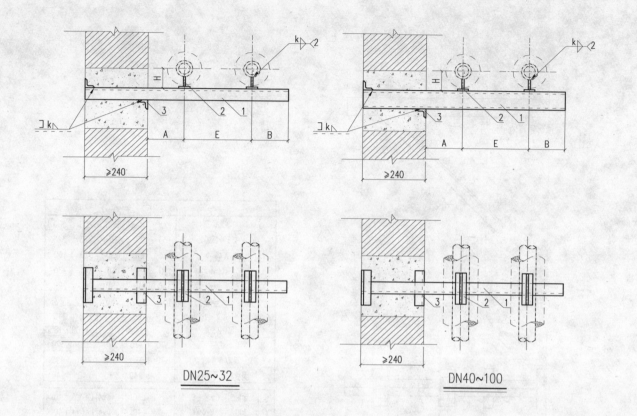

DN25~32　　　　　　　　DN40~100

砖墙上保温双管滑动支架　DN25~100

尺　寸　表

公称直径 DN	25	32	40	50	65	80	100
管子外径 D	32	38	45	57	76	89	108
A (mm)	190	200	210	220	230	240	250
B (mm)	70	70	70	80	90	100	120
E (mm)	300	320	330	350	370	390	420
H (mm)	116	119	123	129	158	165	174
洞高(mm)	240	240	240	240	240	240	240
洞宽(零件3长度)	240	240	240	240	240	240	240

件号	图号	名称	件数							
3	本图	加固角钢	2	L40×4	L40×4	L40×4	L40×4	L40×4	L40×4	L40×4
2	零件(二)	支座	2	N1	N2	N3	N4	N5	N6	N7
1	本图	支梁	1	L56×5	L63×5	⊏5	⊏6.3	⊏8	⊏8	⊏10

零件

材料规格

明　细　表

说明：

1. 支架、支座及其零件均应涂上防锈漆两道。

2. 图中焊接部分采用 E4301电焊条焊接，焊缝高度 k 不小于被焊件最小厚度。

3. 参见图集95R417-1。

室内支架安装图
3.2 滑动支架安装详图水平、垂直
3.2.2 双管滑动支架水平安装详图

3.2.2(6)
砖墙上保温双管滑动支架DN125~300

58

建筑工程设计专业图库

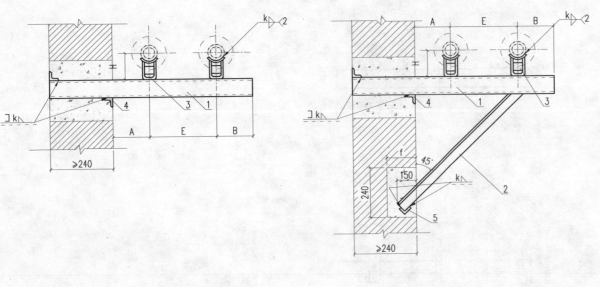

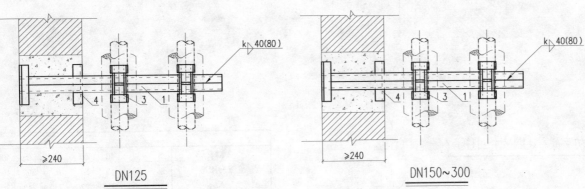

砖墙上保温双管滑动支架　DN125~300

尺　寸　表					
公称直径 DN	125	150	200	250	300
管子外径 D	133	159	219	273	325
A (mm)	270	300	330	370	400
B (mm)	120	150	180	210	230
E (mm)	450	510	580	640	720
H (mm)	187	230	260	287	313
f (mm)	180	180	240	240	240
零件2长度	—	~1400	~1550	~1700	~1850
洞高	370	370	370	370	370
洞宽(零件4长度)	370	370	370	490	490
斜撑洞宽(零件5长度)	—	240	240	240	240

5	本图	加固角钢	1	—	L40×4	L40×4	L40×4	L40×4
4	本图	加固角钢	2	L40×4	L40×4	L40×4	L40×4	L40×4
3	零件图(二)	支座	2	N8	N9	N10	N11	N12
2	本图	斜撑	1	—	L40×4	L40×4	L50×5	L56×4
1	本图	支架	2	⊏8	⊏8	⊏8	⊏12.6	⊏14a
件号	图号	名称	件数	材　料　规　格				
零件								
明　　细　　表								

说明:

1. 支架、支座及其零件均应涂上防锈漆两道。

2. 图中焊接部分采用 E4301电焊条焊接, 焊缝高度 k 不小于被焊件最小厚度。

3. 焊接组合槽钢时, 其断续焊缝在支座处应错开或铲平。

4. 参见图集95R417-1。

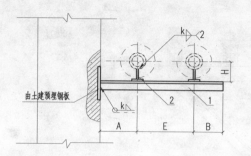

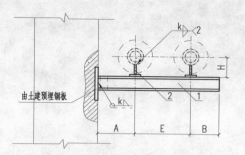

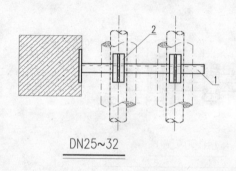

DN25~32

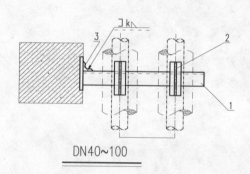

DN40~100

焊于混凝土柱预埋钢板上保温双管滑动支架 DN25~100

说明：

1. 支架、支座及其零件均应涂上防锈漆两道。

2. 图中焊接部分采用 E4301电焊条焊接，焊缝高度k不小于被焊件最小厚度。

3. 参见图集95R417-1。

尺　寸　表							
公称直径 DN	25	32	40	50	65	80	100
管子外径 D	32	38	45	57	76	89	108
A (mm)	190	200	210	220	230	240	250
B (mm)	70	70	70	80	90	100	120
E (mm)	300	320	330	350	370	390	420
H (mm)	116	119	123	129	158	165	174
零件3长度	—	—	50	63	80	80	100

件号	图号	名称	件数	材　料　规　格						
3	本图	加固角钢	1	—	—	L40x4	L40x4	L50x4	L50x4	L50x4
2	零件图(二)	支座	2	N1	N2	N3	N4	N5	N6	N7
1	本图	支架	1	L56x5	L63x5	匚5	匚6.3	匚8	匚8	匚10
零件										
明　细　表										

室内支架安装图

3.2 滑动支架安装详图(水平·垂直)
3.2.2 双管滑动支架水平安装详图

3.2.2(8)
焊于混凝土柱预埋钢板上保温双管滑动支架DN125~300

60

建筑工程设计专业图库

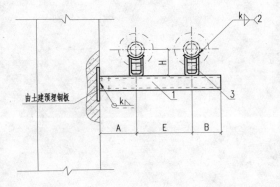

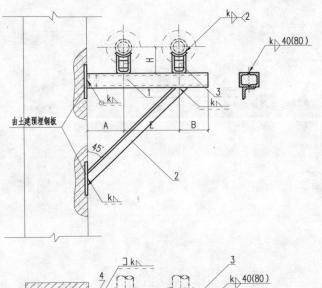

由土建预埋钢板

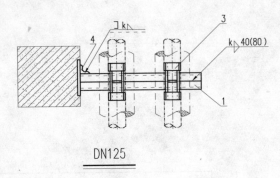

DN125

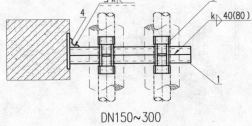

DN150~300

焊于混凝土柱预埋钢板上保温双管滑动支架 DN125~300

说明：

1. 支架、支座及其零件均应涂上防锈漆两道。

2. 图中焊接部分采用 E4301电焊条焊接，焊缝高度 k 不小于被焊件最小厚度。

3. 焊接组合槽钢时，其断续焊缝在支座处应错开或铲平。

4. 参见图集95R417-1。

		尺 寸 表				
公称直径 DN		125	150	200	250	300
管子外径 D		133	159	219	273	325
A (mm)		270	300	330	370	400
B (mm)		120	150	180	210	230
E (mm)		450	510	580	640	720
H (mm)		187	230	260	287	313
零件2长度		——	~1200	~1340	~1500	~1650
零件4长度		80	80	80	126	140

件号	图号	名称	件数	材 料 规 格				
4	本图	加固角钢	1	L50×4	L63×4	L63×4	L63×4	L63×4
3	零件图(二)	支座	2	N8	N9	N10	N11	N12
2	本图	斜撑	1	—	L40×4	L40×4	L50×5	L56×4
1	本图	支架	2	〔8	〔8	〔8	〔12.6	〔14a
件号	图号	名称	件数	材 料 规 格				
零件								
明 细 表								

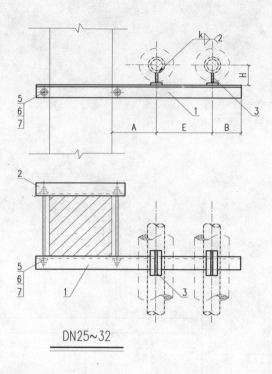

DN25~32

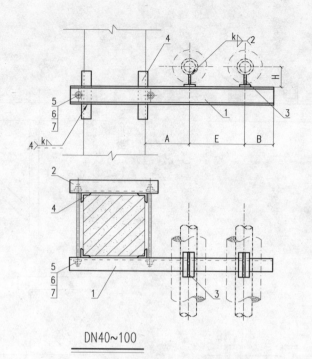

DN40~100

夹于混凝土柱上保温双管滑动支架　DN25~100

说明:

1. 支架、支座及其零件均应涂上防锈漆两道。

2. 图中焊接部分采用 E4301 电焊条焊接,焊缝高度 k 不小于被焊件最小厚度。

3. 参见图集95R417-1。

尺　寸　表							
公称直径 DN	25	32	40	50	65	80	100
管子外径 D	32	38	45	57	76	89	108
A (mm)	190	200	210	220	230	240	250
B (mm)	70	70	70	80	90	100	120
E (mm)	300	320	330	350	370	390	420
H (mm)	116	119	123	129	158	165	174
零件4长度	--	--	150	160	180	180	200

件号	图号	名称	件数	材料规格						
7	GB/T95-85	垫圈	4	12	12	12	12	14	14	14
6	GB/T6170-2000	螺母	4	M12	M12	M12	M12	M14	M14	M14
5	零件图(一)	双头螺栓	2	M12	M12	M12	M12	M14	M14	M14
4	本图	加固角钢	4	-	-	L40x4	L40x4	L40x4	L40x4	L40x4
3	零件图(二)	支座	2	N1	N2	N3	N4	N5	N6	N7
2	零件图(一)	夹紧梁	1	L56x5	L63x5	L63x4	L63x4	L63x4	L63x4	L63x4
1	零件图(一)	支架	1	L56x5	L63x5	⌐5	⌐6.3	⌐8	⌐8	⌐10
零件				材料规格						
明　细　表										

室内支架安装图

3.2 滑动支架安装详图(水平、垂直)
3.2.2 双管滑动支架水平安装详图

3.2.2(10)
夹于混凝土柱上保温双管滑动支架DN125~300

62

建筑工程设计专业图库

DN125

DN150~300

夹于混凝土柱上保温双管滑动支架　DN125~300

尺　寸　表					
公称直径 DN	125	150	200	250	300
管子外径 D	133	159	219	273	325
A (mm)	270	300	330	370	400
B (mm)	120	150	180	210	230
E (mm)	450	510	580	640	720
H (mm)	187	230	260	287	313
零件3长度	--	~1200	~1340	~1500	~1650
零件5长度	180	180	180	230	240
零件6长度	--	980	1100	1200	1300

件号	图号	名称	件数	材　料　规　格				
9	GB/T95-85	垫圈	4	14	16	16	16	16
8	GB/6170-2000	螺母	4	M14	M16	M16	M16	M16
7	零件图(一)	双头螺栓	2	M14	M16	M16	M16	M16
6	本图	加固角钢	1	--	L40x4	L40x4	L50x5	L56x4
5	本图	加固角钢	4或3	4L40x4	3L40x4	3L40x4	3L50x5	3L56x4
4	零件图(二)	支座	2	N8	N9	N10	N11	N12
3	本图	斜撑	1	--	L40x4	L40x4	L50x5	L56x4
2	零件图(一)	夹紧梁	1	L63x4	L63x4	L63x4	L63x4	L63x4
1	零件图(一)	支梁	2	[8	[8	[8	[12.6	[14a
件号	图号	名称	件数	材　料　规　格				
零件								
明　细　表								

说明:

1. 支架、支座及其零件均应涂上防锈漆两道。

2. 图中焊接部分采用 E4301电焊条焊接,焊缝高度k不小于被焊件最小厚度。

3. 焊接组合槽钢时,其断续焊缝在支座处应错开或铲平。

4. 参见图集95R417-1。

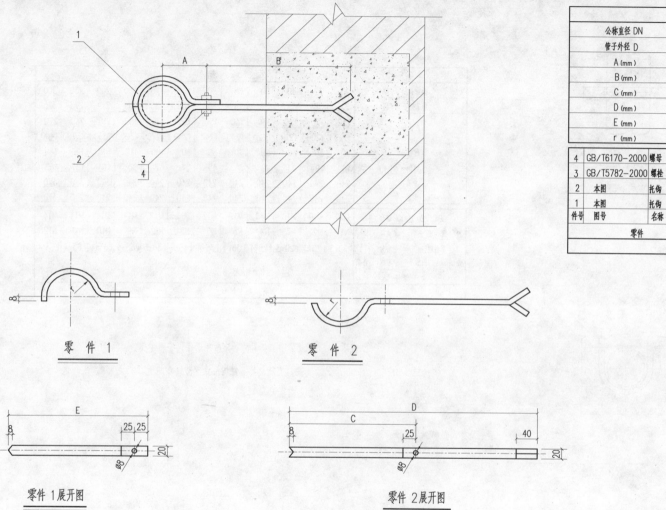

尺　寸　表					
公称直径 DN	15	20	25	32	40
管子外径 D	22	28	32	38	45
A (mm)	65	68	70	75	80
B (mm)	120	120	120	120	120
C (mm)	63	72	79	88	101
D (mm)	211	220	227	239	252
E (mm)	96	105	112	121	134
r (mm)	12	15	17	20	24

件号	图号	名称	件数	材料规格	
4	GB/T6170-2000	螺母	1	M6	
3	GB/T5782-2000	螺栓	1	M6×14	
2	本图	托钩	1	钢板　δ=3	
1	本图	托钩	1	钢板　δ=3	
件号	图号	名称	件数	材料规格	
零件			明　细　表		

零 件 1

零 件 2

零件 1展开图

零件 2展开图

砖墙上不保温立管滑动支架　DN15~40

说明：1. 支架、支座及其零件均应涂上防锈漆两道。
　　　2. 参见图集95R417-1.

室内支架安装图

3.2 滑动支架安装详图(水平、垂直)
3.2.3 滑动支架垂直安装详图

3.2.3(2)
砖墙上保温及不保温立管滑动支架 DN25~300

64

建筑工程设计专业图库

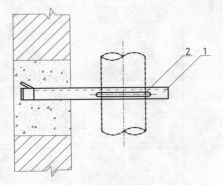

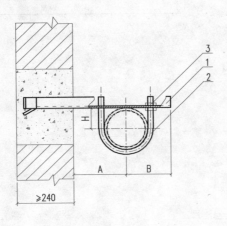

		尺 寸 表											
公称直径	DN	25	32	40	50	65	80	100	125	150	200	250	300
管子外径	D	32	38	45	57	76	89	108	133	159	219	273	325
A (mm)		120	120	130	130	140	150	160	170	180	210	240	270
		(190)	(200)	(210)	(220)	(230)	(240)	(250)	(270)	(300)	(330)	(370)	(400)
B (mm)		50	50	60	60	70	80	80	100	110	140	160	180
H (mm)		16	19	23	29	38	45	54	67	80	110	137	163
洞高		240	240	240	240	240	240	240	240	240	370	370	370
洞宽		240	240	240	240	240	240	240	240	240	240	240	370

3	GB6170/2000	螺母	2	M10	M10	M10	M10	M12	M12	M12	M12	M14	M14	M14	M14
2	零件图(三)	夹环	1	N1	N2	N3	N4	N5	N6	N7	N8	N9	N10	N11	N12
1	零件图(一)	支架	1	L20x3	L20x3	L20x3	L25x3	L36x4	L36x4	L45x5	L50x5	L63x4	L63x4	L63x4	L63x4
件号	图号	名称	件数					材料规格							
		零件													
								明 细 表							

说明:1. 尺寸表中带括号的数字适用于保温管道支架。

2. 支架、支座及其零件均应涂上防锈漆两道。

3. 参见图集95R417-1。

砖墙上保温及不保温立管滑动支架 DN25~300

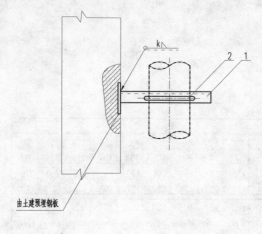

由土建预埋钢板

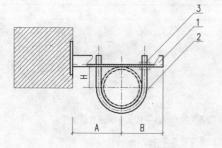

尺　寸　表												
公称直径 DN	25	32	40	50	65	80	100	125	150	200	250	300
管子外径 D	32	38	45	57	76	89	108	133	159	219	273	325
A (mm)	120	120	130	130	140	150	160	170	180	210	240	270
	(190)	(200)	(210)	(220)	(230)	(240)	(250)	(270)	(300)	(330)	(370)	(400)
B (mm)	50	50	60	60	70	80	80	100	110	140	160	180
H (mm)	16	19	23	29	38	45	54	67	80	110	137	163

件号	图号	名称	件数												
3	GB/T6170-2000	螺母	2	M10	M10	M10	M10	M12	M12	M12	M12	M14	M14	M14	M14
2	零件图(三)	夹环	1	N1	N2	N3	N4	N5	N6	N7	N8	N9	N10	N11	N12
1	零件图(一)	支架	1	L20x3	L20x3	L20x3	L25x4	L36x4	L36x4	L45x5	L50x5	L63x4	L63x4	L63x4	L63x4
件号	图号	名称	件数						材料规格						
	零件								明　细　表						

说明：1. 尺寸表中带括号的数字适用于保温管道支架。

　　　2. 支架、支座及其零件均应涂上防锈漆两道。

　　　3. 参见图集95R417-1。

焊于混凝土柱预埋钢板上保温及不保温立管滑动支架　DN25～300

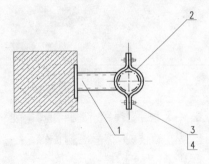

由土建预埋钢板

尺　寸　表									
公称直径　　DN	50	65	80	100	125	150	200	250	300
管子外径　　D	57	76	89	108	133	159	219	273	325
A (mm)	130	140	150	160	170	180	210	240	270
	(220)	(230)	(240)	(250)	(270)	(300)	(330)	(370)	(400)

件号	图号	名称	件数	材料规格									
4	GB/T6170-2000	螺母	2	M12	M12	M16	M16	M16	M16	M20	M20	M24
3	GB/T5782-2000	螺栓	2	M12×25	M12×25	M16×30	M16×35	M16×40	M16×45	M20×45	M20×45	M24×50
2	零件图(三)	卡箍	2	N1	N2	N3	N4	N5	N6	N7	N8	N9
1	本图	支架	1	⊏5	⊏5	⊏6.3	⊏6.3	⊏8	⊏8	⊏10	⊏10	⊏12.6
件号	图号	名称	件数	材料规格									

明　细　表

说明：1. 尺寸表中带括号的数字适用于保温管道支架。

　　　2. 支架、支座及其零件均应涂上防锈漆两道。

　　　3. 图中焊接部采用 E4301电焊条焊接，焊缝高度 K 不小于被焊件最小厚度。

　　　4. 参见图集95R417-1.

焊于混凝土柱预埋钢板上保温及不保温立管滑动支架　　DN50~300

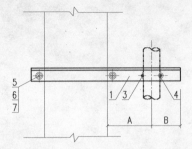

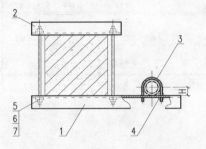

尺 寸 表												
公称直径 DN	25	32	40	50	65	80	100	125	150	200	250	300
管子外径 D	32	38	45	57	76	89	108	133	159	219	273	325
A (mm)	120	120	130	130	140	150	160	170	180	210	240	270
	(190)	(200)	(210)	(220)	(230)	(240)	(250)	(270)	(300)	(330)	(370)	(400)
B (mm)	50	50	60	60	70	80	80	100	110	140	160	180
H (mm)	16	19	23	29	38	45	54	67	80	110	137	163

件号	图号	名称	件数	材料规格											
7	GB/T95-85	垫圈	4	10	10	10	10	12	12	12	12	14	14	14	14
				(12)	(12)	(12)	(12)	(14)	(14)	(14)	(14)	(16)	(16)	(16)	(16)
6	GB/T6170-2000	螺母	4	M10	M10	M10	M10	M12	M12	M12	M12	M14	M14	M14	M14
				(M12)	(M12)	(M12)	(M12)	(M14)	(M14)	(M14)	(M14)	(M16)	(M16)	(M16)	(M16)
5	零件图(一)	双头螺栓	2	M10	M10	M10	M10	M12	M12	M12	M12	M14	M14	M14	M14
				(M12)	(M12)	(M12)	(M12)	(M14)	(M14)	(M14)	(M14)	(M16)	(M16)	(M16)	(M16)
4	GB/T6170-2000	螺母	2	M10	M10	M10	M10	M12	M12	M12	M12	M14	M14	M14	M14
3	零件图(三)	夹环	1	N1	N2	N3	N4	N5	N6	N7	N8	N9	N10	N11	N12
2	零件图(一)	夹紧梁	1	L20x3	L20x3	L20x3	L25x4	L36x4	L36x4	L45x5	L50x5	L63x4	L63x4	L63x4	L63x4
1	零件图(一)	支架	1	L20x3	L20x3	L20x3	L25x4	L36x4	L36x4	L45x5	L50x5	L63x4	L63x4	L63x4	L63x4
零件				明 细 表											

说明：1. 尺寸表中带括号的数字适用于保温管道支架。

2. 支架、支座及其零件均应涂上防锈漆两道。

3. 参见图集95R417-1.

夹于混凝土柱上保温及不保温立管滑动支架　DN25~300

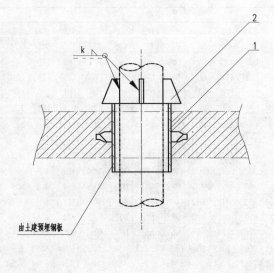

k

2

1

由土建预埋钢板

尺　寸　表									
公称直径　DN	50	65	80	100	125	150	200	250	300
管子外径　D	57	73	89	108	133	159	219	273	325

件号	图号	名称	件数	材料规格								
2	零件图(一)	筋板	4	尺寸见零件图								
1	零件图(三)	套筒	1	N1	N2	N3	N4	N5	N6	N7	N8	N9
零件				材料规格								
明　细　表												

说明：1. 尺寸表中带括号的数字适用于保温管道支架。

2. 支架、支座及其零件均应涂上防锈漆两道。

3. 参见图集95R417-1.

穿楼板保温及不保温立管托架　DN50~300

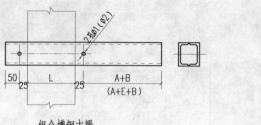

组合槽钢支梁

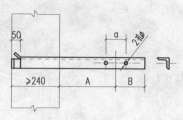

砖墙上的立管角钢支梁

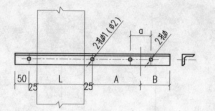

夹于柱上的立管角钢支梁

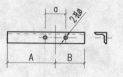

焊于柱上的立管角钢支梁

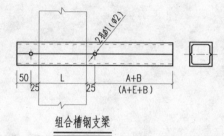

组合槽钢支梁

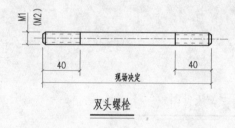

双头螺栓

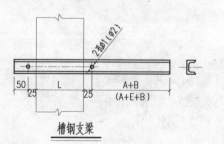

槽钢支梁

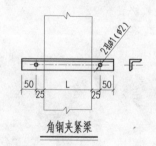

角钢夹紧梁

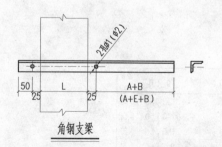

角钢支梁

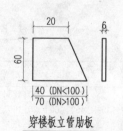

穿楼板立管肋板

滑动支架零件图（一）

说明：1. 图中 l 为柱子尺寸。
　　　2. M1、∅1 用于不保温单管及双管支架，M2、∅2 用于保温单管及双管支架。
　　　3. A+B 用于单管支架，A+E+B 用于双管支架，具体尺寸见安装图。
　　　4. 参见图集95R417-1。

尺 寸 表

管子外径 D	M1	M2	∅1	∅2	∅	a
32	10	12	12	14	12	14
38	10	12	12	14	12	50
45	10	12	12	14	12	58
57	10	12	12	14	12	70
76	12	14	12	16	14	92
89	12	14	14	16	14	104
108	12	14	14	16	14	124
133	12	14	14	16	14	148
159	14	16	14	18	18	178
219	14	16	14	18	18	238
273	14	16	16	18	18	300
325	14	16	16	18	18	352

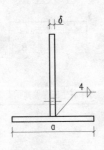

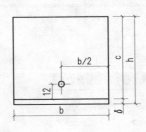

Ⅰ型支座

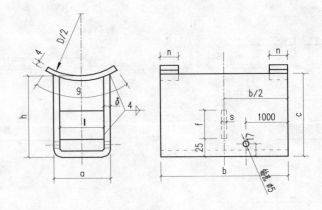

Ⅱ型支座

滑动支架零件图（二）

说明：1. Ⅰ型支座 b=200 的可不钻孔.
2. Ⅱ型支座底板也可用钢板拼接.
3. 参见图集95R417-1.

Ⅰ型支座尺寸表

支座编号	管子外径 D	h	a	b	c	δ	质量 (kg)
N1	32	100	50	200	96	4	0.92
N2	38	100	50	200	96	4	0.92
N3	45	100	60	200	96	4	0.98
N4	57	100	60	250	96	4	1.22
N5	73	120	80	250	114	6	2.28
N6	89	120	80	250	114	6	2.28
N7	108	120	80	250	114	6	2.28

Ⅱ型支座尺寸表

支座编号	管子外径 D	h	a	b	c	δ	l	s	f	g	n	质量 (kg)
N8	133	120	100	250	125	5	—	—	—	130	50	3.78
N9	159	150	100	300	160	5	—	—	—	130	50	5.52
N10	219	150	120	300	160	5	—	—	—	150	50	5.81
N11	273	150	160	300	160	6	148	6	80	200	60	7.31
N12	325	150	160	300	160	6	148	6	80	200	60	7.31

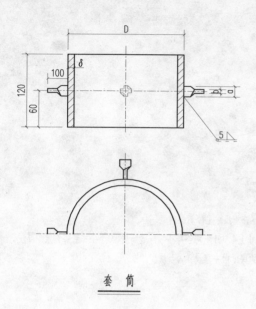

套 筒

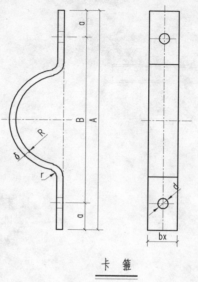

卡 箍

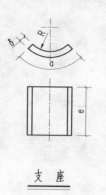

支 座

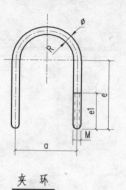

夹 环

滑动支架零件图（三）

尺 寸 表

管子外径	套筒					卡箍									支座						夹环							
D	编号	D	δ	axb	质量(kg)	编号	A	B	a	R	δ=r	d	bx	展开长	质量(kg)	编号	e	R	a	δ	质量(kg)	编号	a	e1	e	∅(M)	R	展开长	质量(kg)
32	-	-	-	-	-	-	-	-	-	-	-	-	-	-	-	N1	200	16	30	2	0.10	N1	44	45	55	10	17	180	0.11
38	-	-	-	-	-	-	-	-	-	-	-	-	-	-	-	N2	200	19	30	2	0.10	N2	50	45	60	10	20	200	0.12
45	-	-	-	-	-	-	-	-	-	-	-	-	-	-	-	N3	200	23	30	2	0.10	N3	58	45	65	10	24	225	0.14
57	N1	76	4	50x8	2.1	N1	140	100	20	30	4	14	30	175	0.17	N4	250	29	50	2	0.20	N4	70	50	75	10	30	260	0.16
76	N2	89	4	50x8	2.3	N2	160	120	20	40	5	14	30	209	0.20	N5	250	38	50	2	0.20	N5	92	50	85	12	40	315	0.28
89	N3	108	4	50x8	2.5	N3	200	150	25	46	6	18	40	255	0.48	N6	250	45	50	2	0.20	N6	104	60	100	12	46	365	0.32
108	N4	133	4	50x8	2.8	N4	230	180	25	56	8	18	40	295	0.74	N7	300	54	70	2	0.33	N7	124	60	110	12	56	415	0.36
133	N5	159	5	50x8	3.5	N5	260	210	25	68	10	18	40	338	1.08	N8	300	67	70	3	0.50	N8	148	60	120	12	68	475	0.43
159	N6	219	6	50x8	5.0	N6	290	240	25	81	12	18	40	385	1.47	N9	300	80	100	3	0.71	N9	178	60	135	16	81	550	0.87
219	N7	273	7	50x10	7.1	N7	360	300	30	111	12	23	50	487	2.33	N10	300	110	100	3	0.71	N10	238	60	165	16	111	705	1.11
273	N8	325	8	50x10	9.1	N8	420	360	30	138	12	23	50	578	2.77	N11	350	137	150	3	1.24	N11	300	60	190	16	142	855	1.35
325	N9	377	9	50x10	11.4	N9	470	400	35	164	12	27	60	657	3.74	N12	350	163	150	3	1.24	N12	352	60	210	16	168	975	1.54

说明：参见图集95R417-1.

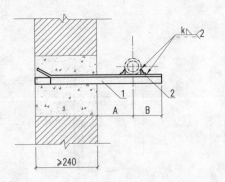

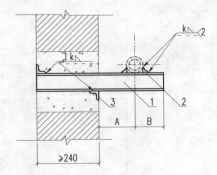

说明:
1. 支架、支座及其零件均应涂上防锈漆两道.
2. 图中焊接部分采用 E4301电焊条焊接, 焊缝高度 K不小于被焊件最小厚度.
3. 支梁埋入砖墙内的深度由土建设计人员决定.
4. 参见图集95R417-1.

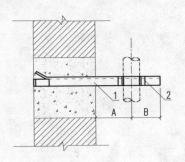

DN25~100 (保温)
DN25~150 (不保温)

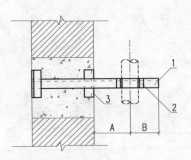

DN125 (保温)
DN200 (不保温)

尺 寸 表											
公称直径 DN		25	32	40	50	65	80	100	125	150	200
管子外径 D		32	38	45	57	76	89	108	133	159	219
A (mm)	保温	190	200	210	220	230	240	250	270	300	330
	不保温	120	120	130	130	140	150	160	170	180	210
B (mm)		50	55	60	70	85	100	110	130	155	200
零件2长度	保温	50	50	63	63	70	70	70	48	—	—
	不保温	20	25	25	30	45	45	50	63	70	53
零件3长度		—	—	—	—	—	—	—	240	—	240

件号	图号	名称	件数	材料规格										
3	本图	加固角钢	2	—	—	—	—	—	—	—	L40x4	—	L40x4
2	本图	角钢	2	L20x3	L20x4	L20x4	L20x4	L25x4	L30x4	L36x4	L45x3	L56x4	L75x6
1	本图	支梁 保温	1	L50x4	L50x4	L63x4	L63x4	L70x5	L70x5	L70x8	⊏10	—	—
		不保温	1	L20x4	L25x4	L25x4	L30x4	L45x4	L45x5	L50x5	L63x5	L70x8	⊏12.6
件号	图号	名称	件数	材料规格										
零件				明 细 表										

砖墙上保温及不保温单管固定支架 DN25~200

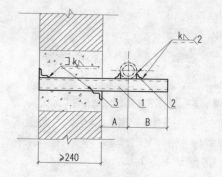

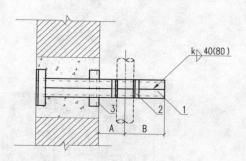

DN150~300（保温）
DN250~300（不保温）

砖墙上保温及不保温单管固定支架　DN150~300

说明：

1. 支架、支座及其零件均应涂上防锈漆两道。

2. 图中焊接部分采用 E4301电焊条焊接，焊缝高度 K 不小于被焊件最小厚度。

3. 焊接组合槽钢时，其断续焊缝在支座处应错开或铲平。

4. 支架埋入砖墙内深度由土建设计人员决定。

5. 参见图集95R417-1。

尺　寸　表					
公称直径 DN		150	200	250	300
管子外径 D		159	219	273	325
A (mm)	保温	300	330	370	400
	不保温	180	210	240	270
B (mm)		155	200	240	270
零件2长度	保温	80	86	96	106
	不保温	－	－	80	86
零件3长度		240	240	300	300

件号	图号	名称		件数	材料规格			
3	本图	加固角钢		2	L63x4	L63x4	L63x4	L63x4
2	本图	角钢		2	L56x4	L75x6	L90x8	L100x10
1	本图	支梁	保温	2	⊏6.3	⊏8	⊏10	⊏12.6
			不保温	2	－	－	⊏6.3	⊏10
零件					材料规格			
明　细　表								

说明:

1. 支架、支座及其零件均应涂上防锈漆两道。

2. 图中焊接部分采用 E4301 电焊条焊接, 焊缝高度 K 不小于被焊件最小厚度。

3. 焊接组合槽钢时, 其断续焊缝在支座处应错开或铲平。

4. 参见图集95R417-1。

由土建预埋钢板

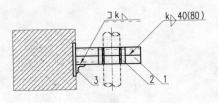

DN150～300（保温）
DN250～300（不保温）

焊于混凝土柱预埋钢板上保温及不保温单管固定支架　DN150～300

尺　寸　表				
公称直径 DN	150	200	250	300
管子外径 D	159	219	273	325
A (mm) 保温	300	330	370	400
A (mm) 不保温	180	210	240	270
B (mm)	155	200	240	270
零件2长度 保温	80	86	96	106
零件2长度 不保温	－	－	80	86
零件3长度 保温	63	80	100	126
零件3长度 不保温	－	－	63	100

件号	图号	名称		件数	材料规格			
3	本图	加固角钢		1	L63x4	L63x4	L63x4	L63x4
2	本图	角钢		2	L56x4	L75x6	L90x8	L100x10
1	本图	支梁	保温	2	[6.3	[8	[10	[12.6
1	本图	支梁	不保温	2	－	－	[6.3	[10
零件						材料规格		
明　细　表								

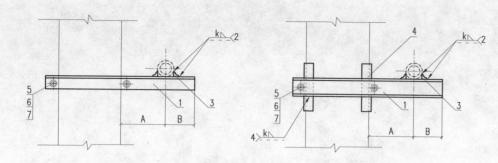

说明:
1. 支架、支座及其零件均应涂上防锈漆两道。
2. 图中焊接部分采用 E4301电焊条焊接,焊缝高度 K 不小于被焊件最小厚度。
3. 参见图集95R417—1.

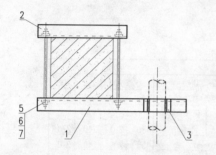

DN25~100(保温)
DN25~150(不保温)

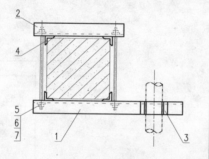

DN125(保温)
DN200(不保温)

夹于混凝土柱上保温及不保温单管固定支架 DN25~200

尺 寸 表											
公称直径	DN	25	32	40	50	65	80	100	125	150	200
管子外径	D	32	38	45	57	76	89	108	133	159	219
A (mm)	保温	190	200	210	220	230	240	250	270	300	330
	不保温	120	120	130	130	140	150	160	170	180	210
B (mm)		50	55	60	70	85	100	110	130	155	200
零件3长度	保温	50	50	63	63	70	70	70	48	—	—
	不保温	20	25	25	30	45	45	50	63	70	53
零件4长度		—	—	—	—	—	—	—	—	200	200

件号	图号	名称		件数					材料规格					
7	GB/T95-85	垫圈		4	12	12	12	12	14	14	14	14	16	16
6	GB/T6170-2000	螺母		4	M12	M12	M12	M12	M14	M14	M14	M14	M16	M16
5	零件图(一)	双头螺栓		2	M12	M12	M12	M12	M14	M14	M14	M14	M16	M16
4	本图	加固角钢		4	—	—	—	—	—	—	—	L40x4	—	L40x4
3	本图	角钢		2	L20x3	L20x4	L20x4	L20x4	L25x4	L30x4	L36x4	L45x3	L56x4	L75x6
2	本图	夹紧架	保温	1	L50x4	L50x4	L63x4	L63x4	L63x4	L63x4	L63x4	L63x4	—	—
			不保温	1	L20x3	L20x3	L20x4	L30x4	L40x4	L45x3	L50x4	L63x4	L63x4	L63x4
1	本图	支架	保温	1	L50x4	L50x4	L63x4	L63x4	L70x5	L70x5	L70x5	□10	—	—
			不保温	1	L20x4	L25x4	L25x4	L30x4	L45x4	L45x5	L50x4	L63x5	L70x8	□12.6
件号	图号	名称		件数					材料规格					
零件														
明 细 表														

室内支架安装图

3.3 固定支架安装详图（水平·垂直）
3.3.1 单管固定支架水平安装详图

3.3.1(5)
夹于混凝土柱上保温及不保温单管固定支架 DN150~300

76

建筑工程设计专业图库

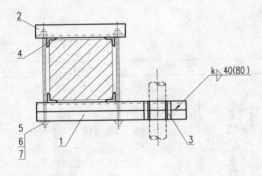

DN150~300（保温）
DN250~300（不保温）

夹于混凝土柱上保温及不保温单管固定支架　DN150~300

说明：

1. 支架、支座及其零件均应涂上防锈漆两道。

2. 图中焊接部分采用 E4301电焊条焊接，焊缝高度 K 不小于被焊件最小厚度。

3. 焊接组合槽钢时，其断续焊缝在支座处应错开或铲平。

4. 参见图集95R417-1.

尺 寸 表					
公称直径	DN	150	200	250	300
管子外径	D	159	219	273	325
A (mm)	保温	300	330	370	400
	不保温	180	210	240	270
B (mm)		155	200	240	270
零件3长度	保温	80	86	96	106
	不保温	–	–	80	86
零件4长度	保温	150	150	160	160
	不保温	–	–	160	160

件号	图号	名称		件数	材料规格			
7	GB/T95-85	垫圈		4	16	16	16	16
6	GB/T6170-2000	螺母		4	M16	M16	M16	M16
5	零件图(一)	双头螺栓		2	M16	M16	M16	M16
4	本图	加固角钢		4	L40x4	L40x4	L40x4	L40x4
3	本图	角钢		2	L56x4	L75x6	L90x8	L100x10
2	本图	夹紧架	保温	1	L63x4	L63x4	L63x4	L63x4
			不保温	1	L63x4	L63x4	L63x4	L63x4
1	本图	支梁	保温	2	⊏6.3	⊏8	⊏10	⊏12.6
			不保温	2	–	–	⊏6.3	⊏10
		零件				明　细　表		

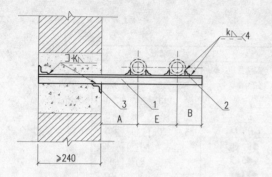

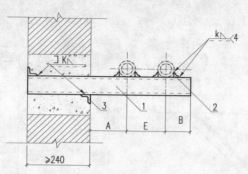

尺 寸 表								
公称直径 DN	25	32	40	50	65	80	100	125
管子外径 D	32	38	45	57	76	89	108	133
A	120	120	130	130	140	150	160	170
E	150	160	170	180	190	210	230	250
B	50	55	60	70	85	100	110	130
零件2长度	45	50	56	70	75	75	40	48
零件3长度	240	240	240	240	240	240	240	240

3	本图	加固角钢	2	L40x4	L40x4	L40x4	L40x4	L40x4	L40x4	L40x4	L40x4
2	本图	角钢	4	L20x3	L20x4	L20x4	L20x4	L25x4	L30x4	L36x4	L45x5
1	本图	支梁	1	L45x4	L50x5	L56x5	L70x5	L75x10	L75x10	[6.3	[10
件号	图号	名称	件数	材 料 规 格							
零件				明 细 表							

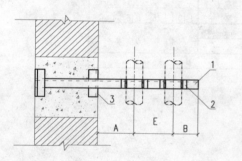

角钢梁固定支架 DN25~80

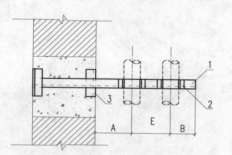

槽钢梁固定支架 DN100~125

说明:

1. 支架、支座及其零件均应涂上防锈漆两道。

2. 图中焊接部分采用 E4301电焊条焊接，焊缝高度k不小于被焊件最小厚度。

3. 支梁埋入砖墙内的深度由土建设计人员决定.

4. 参见图集95R417-1.

砖墙上不保温双管固定支架 DN25~125

建筑工程设计专业图库

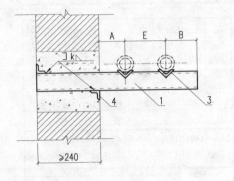

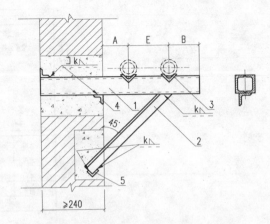

尺　寸　表				
公称直径 DN	150	200	250	300
管子外径 D	159	219	273	325
A	180	210	240	270
E	280	340	390	450
B	155	200	240	270
零件2长度	—	—	~1160	~1300
零件3长度	60	60	60	60
零件4长度	300	300	300	300
零件5长度	—	—	200	200

5	本图	加固角钢	1	—	—	L40x4	L40x4
4	本图	加固角钢	2	L40x4	L40x4	L40x4	L40x4
3	本图	角钢	4	L56x4	L75x6	L90x8	L100x10
2	本图	斜撑	1	—	—	L30x4	L36x4
1	本图	支架	2	[10	[16	[16	[20
件号	图号	名称	件数	材　料　规　格			
零件							
明　细　表							

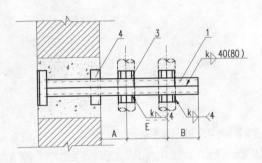

组合槽钢梁固定支架 DN150~200

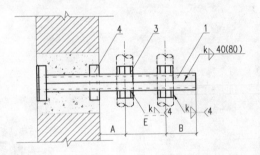

组合槽钢梁固定支架 DN250~300

说明:

1. 支架、支座及其零件均应涂上防锈漆两道。

2. 图中焊接部分采用 E4301电焊条焊接,焊缝高度k不小于被焊件最小厚度。

3. 支梁埋入砖墙内的深度由土建设计人员决定.

4. 参见图集95R417-1.

砖墙上不保温双管固定支架 DN150~300

室内支架安装图

3.3 固定支架安装图
3.3.2 双管固定支架水平、垂直安装详图

3.3 固定支架安装详图 水平、垂直
3.3.2 双管固定支架水平安装详图

3.3.2(3) 焊于混凝土柱预埋钢板上不保温双管固定支架DN25~125

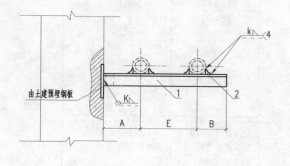

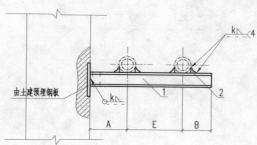

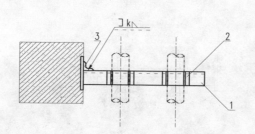

角钢梁固定支架 DN25~80

槽钢梁固定支架 DN100~125

焊于混凝土柱预埋钢板上不保温双管固定支架　DN25~125

尺　寸　表								
公称直径 DN	25	32	40	50	65	80	100	125
管子外径 D	32	38	45	57	76	89	108	133
A	120	120	130	130	140	150	160	170
E	150	160	170	180	190	210	230	250
B	50	55	60	70	85	100	110	130
零件2长度	45	50	56	70	75	75	40	48
零件3长度	45	50	56	70	75	75	63	100

3	本图	加固角钢	1	L40x4	L40x4	L40x4	L40x4	L50x4	L50x4	L50x4	L50x4
2	本图	角钢	4	L20x3	L20x3	L20x4	L20x4	L25x4	L30x4	L36x4	L45x3
1	本图	支梁	1	L45x4	L50x5	L56x5	L70x5	L75x10	L75x10	[6.3	[10
件号	图号	名称	件数	材　料　规　格							
零件				明　细　表							

说明：

1. 支架、支座及其零件均应涂上防锈漆两道。

2. 图中焊接部分采用 E4301电焊条焊接, 焊缝高度k不小于被焊件最小厚度。

3. 参见图集95R417-1.

室内支架安装图

3.3 固定支架安装详图水平安装详图
3.3.2 双管固定支架水平安装详图（水平、垂直）

3.3.2(4)
焊于混凝土柱预埋钢板上不保温双管固定支架
DN150~300

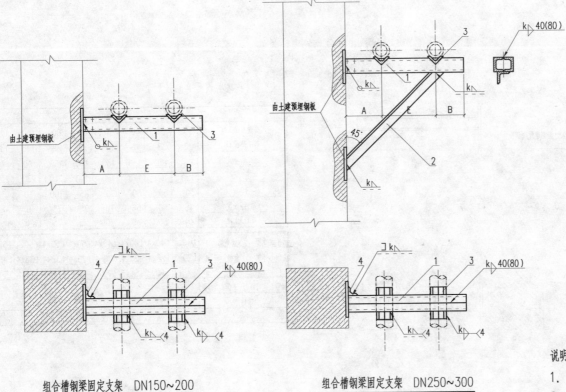

组合槽钢梁固定支架　DN150~200

组合槽钢梁固定支架　DN250~300

尺　寸　表				
公称直径 DN	150	200	250	300
管子外径 D	159	219	273	325
A	180	210	240	270
E	280	340	390	450
B	155	200	240	270
零件2长度	–	–	~950	~1100
零件3长度	60	60	60	60
零件4长度	100	160	160	200

件号	图号	名称	件数	材料规格			
4	本图	加固角钢	1	L63x4	L63x4	L63x4	L63x4
3	本图	角钢	4	L56x4	L75x6	L90x8	L100x10
2	本图	斜撑	1	–	–	L30x4	L36x4
1	本图	支架	2	[10	[16	[16	[20
零件				材料规格			
明　细　表							

说明：

1. 支架、支座及其零件均应涂上防锈漆两道。

2. 图中焊接部采用 E4301 电焊条焊接，焊缝高度 k 不小于被焊件最小厚度。

3. 焊接组合槽钢时，其断续焊缝在支座处应错开或铲平。

4. 参见图集95R417-1。

焊于混凝土柱预埋钢板上不保温双管固定支架　DN150~300

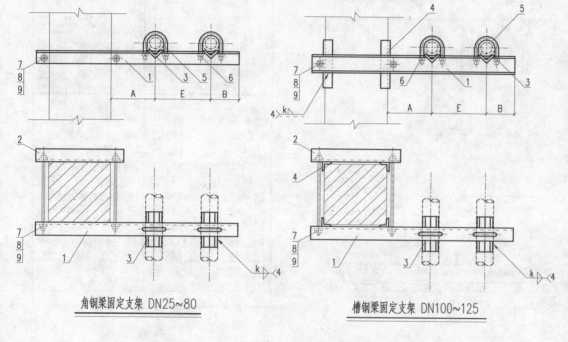

角钢梁固定支架 DN25~80

槽钢梁固定支架 DN100~125

夹于混凝土柱上不保温双管固定支架　DN25~125

尺　寸　表								
公称直径 DN	25	32	40	50	65	80	100	125
管子外径 D	32	38	45	57	76	89	108	133
A	120	120	130	130	140	150	160	170
E	150	160	170	180	190	210	230	250
B	50	55	60	70	85	100	110	130
零件3长度	40	40	40	40	50	50	50	50
零件4长度	–	–	–	–	–	–	170	200

件号	图号	名称	件数	材　料　规　格							
9	GB/T95-85	垫圈	4	14	14	14	14	16	16	16	16
8	GB/T6170-2000	螺母	4	M14	M14	M14	M14	M16	M16	M16	M16
7	零件图（一）	双头螺栓	2	M14	M14	M14	M14	M16	M16	M16	M16
6	GB/T6170-2000	螺母	4	M10	M10	M10	M12	M12	M12	M16	M16
5	零件图（三）	夹环	2	N1	N2	N3	N4	N5	N6	N7	N8
4	本图	加固角钢	4	–	–	–	–	–	–	L40x4	L40x4
3	本图	角钢	4	L20x3	L20x4	L20x4	L20x4	L25x4	L30x4	L36x4	L45x3
2	本图	夹紧梁	1	L25x4	L30x4	L36x4	L45x3	L56x4	L70x5	L63x4	L63x4
1	本图	支梁	1	L45x4	L50x5	L56x5	L70x5	L75x10	L75x10	[6.3	[10

明　细　表

说明：

1. 支架、支座及其零件均应涂上防锈漆两道。

2. 图中焊接部分采用 E4301电焊条焊接，焊缝高度 k不小于被焊件最小厚度。

3. 参见图集95R417-1.

室内支架安装图

3.3 固定支架安装详图(水平、垂直)
3.3.2 双管固定支架水平安装详图

3.3.2(6)
夹于混凝土柱上不保温双管固定支架
DN150~300

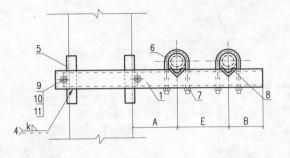

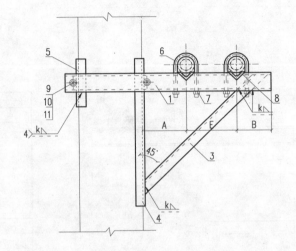

尺 寸 表				
公称直径 DN	150	200	250	300
管子外径 D	159	219	273	325
A	180	210	240	270
E	280	340	390	450
B	155	200	240	270
零件3长度	—	—	~950	~1100
零件4长度	—	—	760	860
零件5长度	150	180	180	230
零件8长度	60	60	60	60

件号	图号	名称	件数		材料规格	
11	GB/T95-85	垫圈	4	18	18	18	18
10	GB/T6170-2000	螺母	4	M18	M18	M18	M18
9	零件图(一)	双头螺栓	2	M18	M18	M18	M18
8	本图	角钢	4	L56x4	L75x6	L90x8	L100x10
7	GB/T6170-2000	螺母	4	M16	M20	M20	M20
6	零件图(三)	夹环	2	N9	N10	N11	N12
5	本图	加强角钢	4或3	4L40x4	4L40x4	3L50x4	3L56x4
4	本图	加强角钢	1	—	—	L50x4	L56x4
3	本图	斜撑	4			L30x4	L36x4
2	本图	夹紧梁		L63x4	L63x4	L63x4	L63x4
1	本图	支梁	2	〔10	〔16	〔16	〔20
件号	图号	名称	件数		材 料 规 格	

明 细 表

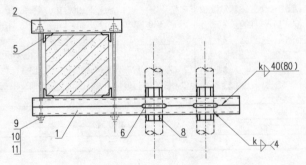

组合槽钢梁固定支架 DN150~200

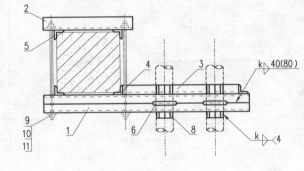

组合槽钢梁固定支架 DN250~300

说明:
1. 支架、支座及其零件均应涂上防锈漆两道。
2. 图中焊接部分采用 E4301电焊条焊接,焊缝高度 k 不小于被焊件最小厚度。
3. 焊接组合槽钢时,其断续焊缝在支座处应错开或铲平。
4. 参见图集95R417-1。

夹于混凝土柱上不保温双管固定支架 DN150~300

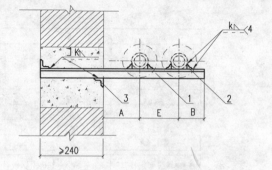

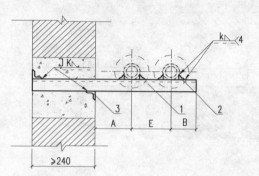

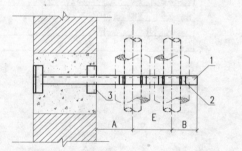

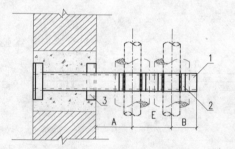

尺　寸　表		
公称直径 DN	25	32
管子外径 D	32	38
A	190	200
E	300	320
B	50	55
零件2长度	70	100
零件3长度	240	240

3	本图	加固角钢	2	L40×4	L40×4
2	本图	角钢	4	L20×3	L20×4
1	本图	支梁	1	L70×8	⊏10
件号	图号	名称	件数	材料规格	
零件					
明　　细　　表					

角钢梁固定支架 DN25

槽钢梁固定支架 DN32

说明:

1. 支架、支座及其零件均应涂上防锈漆两道。

2. 图中焊接部分采用 E4301电焊条焊接,焊缝高度k不小于被焊件最小厚度。

3. 支梁埋入砖墙内的深度由土建设计人员决定.

4. 参见图集95R417-1。

砖墙上保温双管固定支架　DN25~32

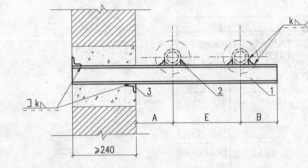
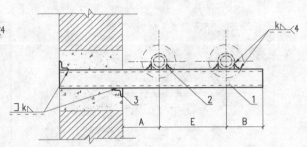

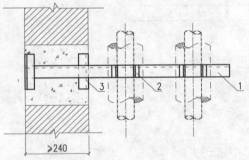

槽钢梁固定支架 DN40

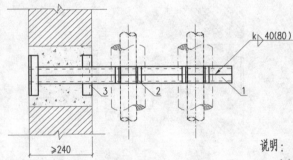

组合槽钢梁固定支架 DN50~100

砖墙上保温双管固定支架　DN40~100

尺　寸　表					
公称直径 DN	40	50	65	80	100
管子外径 D	45	57	76	89	108
A	210	220	230	240	250
E	330	350	370	390	420
B	60	70	85	100	110
零件2长度	53	74	80	80	96
零件3长度	240	240	240	240	240

件号	图号	名称	件数	材　料　规　格				
3	本图	加固角钢	2	L40×4	L40×4	L40×4	L40×4	L40×4
2	本图	角钢	4	L20×4	L20×4	L25×4	L30×4	L36×4
1	本图	支梁	1或2	[12.6	2[5	2[6.3	2[6.3	2[10
件号	图号	名称	件数					
零件								

明　细　表

说明:

1. 支架、支座及其零件均应涂上防锈漆两道。

2. 图中焊接部分采用 E4301电焊条焊接,焊缝高度k不小于被焊件最小厚度。

3. 焊接组合槽钢时,其断续焊缝在支座处应错开或铲平。

4. 支架埋入砖墙内深度由土建设计人员决定.

5. 参见图集95R417-1.

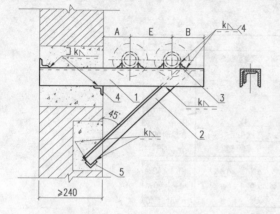

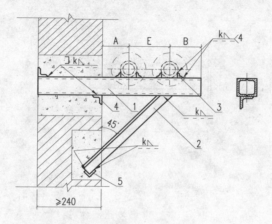

尺　寸　表					
公称直径 DN	125	150	200	250	300
管子外径 D	133	159	219	273	325
A	270	300	330	370	400
E	450	570	580	640	720
B	130	155	200	240	270
零件2长度	~1300	~1500	~1560	~1710	~1860
零件3长度	160	106	126	150	164
零件4长度	300	300	300	300	300
零件5长度	200	200	200	200	200

件号	图号	名称	件数	材料规格				
5	本图	加固角钢	1	L40×4	L40×4	L40×4	L40×4	L40×4
4	本图	加固角钢	2	L40×4	L40×4	L40×4	L40×4	L40×4
3	本图	角钢	4	L45×3	L56×4	L75×6	L90×8	L100×10
2	本图	斜撑	1	L36×4	L40×4	L40×4	L50×4	L56×4
1	本图	支架	1或2	[16	2[12.6	2[16	2[20	2[25c
零件				材料规格				
明　细　表								

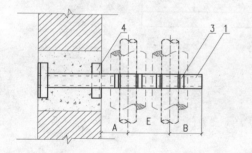

槽钢梁固定支架 DN125

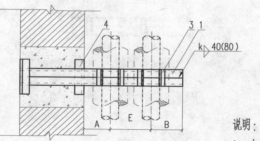

组合槽钢梁固定支架 DN150~300

砖墙上保温双管固定支架　DN125~300

说明:

1. 支架、支座及其零件均应涂上防锈漆两道。

2. 图中焊接部分采用 E4301电焊条焊接, 焊缝高度k不小于被焊件最小厚度。

3. 焊接组合槽钢时, 其断续焊缝在支座处应错开或铲平。

4. 支架埋入砖墙内深度由土建设计人员决定。

5. 参见图集95R417-1。

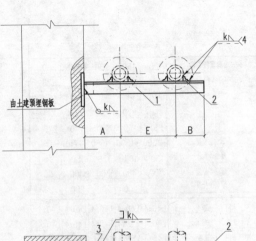
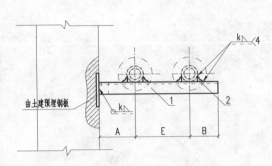

由土建预埋钢板

k 4

k

1 2

A E B

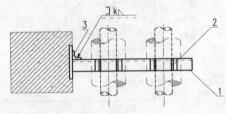
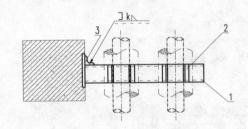

角钢梁固定支架 DN25

槽钢梁固定支架 DN32

焊于混凝土柱预埋钢板上保温双管固定支架　DN25～32

尺　寸　表		
公称直径 DN	25	32
管子外径 D	32	38
A	190	200
E	300	320
B	50	55
零件2长度	70	100
零件3长度	70	48

件号	图号	名称	件数	材料规格	
3	本图	加固角钢	2	L40x4	L40x4
2	本图	角钢	4	L20x3	L20x4
1	本图	支梁	1	L70x8	⊏10
零件					
明　细　表					

说明:

1. 支架、支座及其零件均应涂上防锈漆两道。

2. 图中焊接部分采用 E4301电焊条焊接, 焊缝高度k不小于被焊件最小厚度。

3. 参见图集95R417-1.

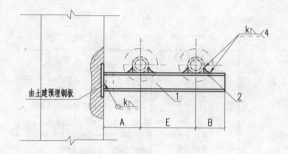

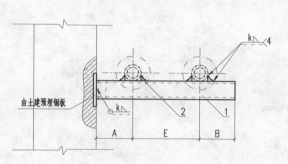

尺 寸 表					
公称直径 DN	40	50	65	80	100
管子外径 D	45	57	73	89	108
A	210	220	230	240	250
E	330	350	370	390	420
B	60	70	85	100	110
零件2长度	53	74	80	80	96
零件3长度	126	50	63	63	100

件号	图号	名称	件数	材 料 规 格				
3	本图	加固角钢	1	L40x4	L40x4	L50x4	L50x4	L50x4
2	本图	角钢	4	L20x4	L20x4	L25x4	L30x4	L36x4
1	本图	支架	1或2	[12.6	2[5	2[6.3	2[6.3	2[10
零件				明 细 表				

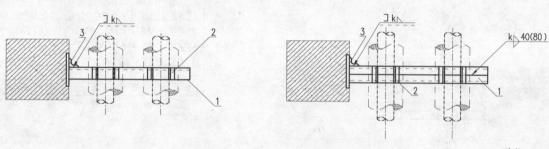

槽钢梁固定支架 DN40

组合槽钢梁固定支架 DN50~100

焊于混凝土柱预埋钢板上保温双管固定支架 DN40~100

说明：

1. 支架、支座及其零件均应涂上防锈漆两道。

2. 图中焊接部分采用 E4301电焊条焊接，焊缝高度 k 不小于被焊件最小厚度。

3. 焊接组合槽钢时，其断续焊缝在支座处应错开或铲平。

4. 参见图集95R417-1.

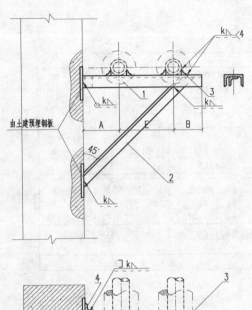

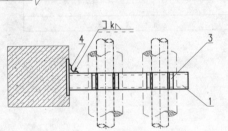

槽钢梁固定支架 DN125

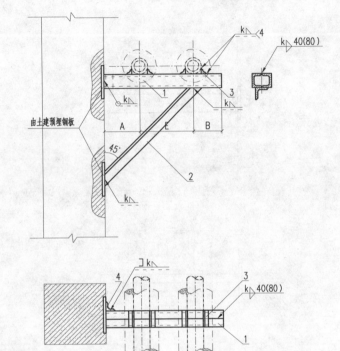

组合槽钢梁固定支架 DN150~300

尺　寸　表					
公称直径 DN	125	150	200	250	300
管子外径 D	133	159	219	273	325
A	270	300	330	370	400
E	450	570	580	640	720
B	130	155	200	240	270
零件2长度	~1100	~1300	~1500	~1560	~1650
零件3长度	160	106	130	150	164
零件4长度	65	120	160	200	250

件号	图号	名称	件数	材料规格				
4	本图	加固角钢	1	L50x4	L63x4	L63x4	L63x4	L63x4
3	本图	角钢	4	L45x5	L56x4	L75x6	L90x8	L100x10
2	本图	斜撑	1	L36x4	L40x4	L40x4	L50x4	L56x4
1	本图	支梁	1或2	[16	2[12.62	[16	2[20	2[25c
零件					明　细　表			

说明:

1. 支架、支座及其零件均应涂上防锈漆两道。

2. 图中焊接部分采用 E4301电焊条焊接,焊缝高度 k 不小于被焊件最小厚度。

3. 焊接组合槽钢时,其断续焊缝在支座处应错开或铲平。

4. 参见图集95R417-1.

焊于混凝土柱预埋钢板上保温双管固定支架　DN125~300

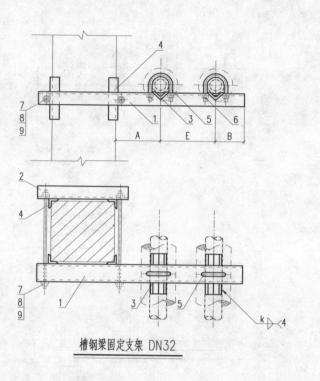

角钢梁固定支架 DN25

槽钢梁固定支架 DN32

夹于混凝土柱上保温双管固定支架　DN25~32

尺　寸　表			
公称直径	DN	25	32
管子外径	D	32	38
A		190	200
E		300	320
B		50	55
零件3长度		40	40
零件4长度		-	140

件号	图号	名称	件数	材料规格	
9	GB/T95-85	垫圈	4	14	14
8	GB/T6170-2000	螺母	4	M14	M14
7	零件（一）	双头螺栓	2	M14	M14
6	GB/T6170-2000	螺母	4	M10	M10
5	零件（三）	夹环	2	N1	N2
4	本图	加固角钢	4	-	L40×4
3	本图	角钢	4	L20×3	L20×4
2	本图	夹紧梁	1	L70×5	L63×4
1	本图	支架	1	L70×8	⊏10
	零件				
明　　细　　表					

说明：

1. 支架、支座及其零件均应涂上防锈漆两道。

2. 图中焊接部分采用 E4301 电焊条焊接，焊缝高度k不小于被焊件最小厚度。

3. 参见图集95R417-1。

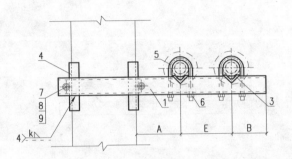

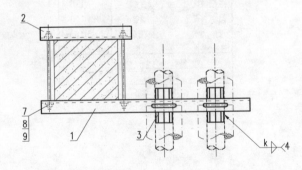

槽钢梁固定支架 DN40

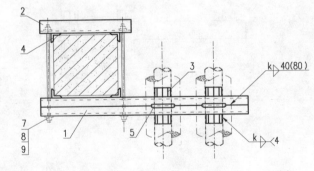

组合槽钢梁固定支架 DN50~100

夹于混凝土柱上保温双管固定支架　DN40~100

尺　寸　表					
公称直径 DN	40	50	65	80	100
管子外径 D	45	57	76	89	108
A	210	220	230	240	250
E	330	350	370	390	420
B	60	70	85	100	110
零件3长度	40	40	50	50	50
零件4长度	-	150	150	150	170

件号	图号	名称	件数					
9	GB/T95-85	垫圈	4	14	14	16	16	16
8	GB/T6170-2000	螺母	4	M14	M14	M16	M16	M16
7	零件图(一)	双头螺栓	2	M14	M14	M16	M16	M16
6	GB/T6170-2000	螺母	4	M10	M12	M12	M12	M16
5	零件图(三)	夹环	2	N3	N4	N5	N6	N7
4	本图	加固角钢	4	-	L40x4	L40x4	L40x4	L40x4
3	本图	角钢	4	L20x4	L20x4	L25x4	L30x4	L36x4
2	本图	夹紧梁	1	L63x4	L63x4	L63x4	L63x4	L63x4
1	本图	支梁	1或2	ㄈ12.6	2ㄈ5	2ㄈ6.3	2ㄈ6.3	2ㄈ10
零件				材　料　规　格				
明　细　表								

说明：
1. 支架、支座及其零件均应涂上防锈漆两道。
2. 图中焊接部采用 E4301电焊条焊接，焊缝高度k不小于被焊件最小厚度。
3. 焊接组合槽钢时，其断续焊缝在支座处应错开或铲平。
4. 参见图集95R417-1.

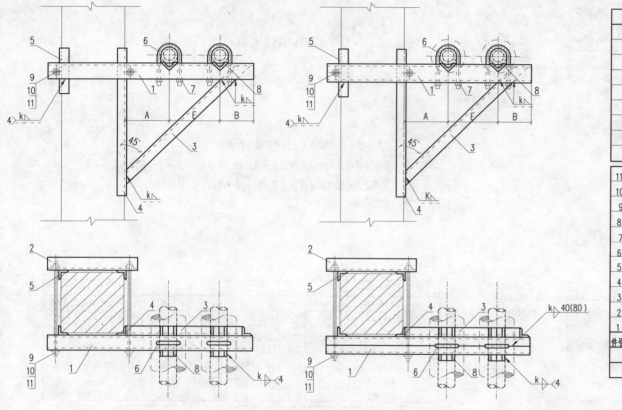

槽钢梁固定支架 DN125

组合槽钢梁固定支架 DN150～300

夹于混凝土柱保温双管固定支架 DN125～300

尺寸表

公称直径 DN	125	150	200	250	300
管子外径 D	133	159	219	273	325
A	270	300	330	370	400
E	450	570	580	640	720
B	133	155	200	240	270
零件3长度	~1100	~1300	~1350	~1500	~1650
零件4长度	1020	1100	1200	1320	1450
零件5长度	150	180	230	240	260
零件8长度	50	60	60	60	60

明细表

件号	图号	名称	件数	材料 规格				
11	GB/T95-85	垫圈	4	16	18	18	18	18
10	GB/T6170-2000	螺母	4	M16	M18	M18	M18	M18
9	零件图(一)	双头螺栓	2	M16	M18	M18	M18	M18
8	本图	角钢	4	L45x3	L56x4	L75x6	L90x8	L100x10
7	GB/T6170-2000	螺母	4	M16	M16	M20	M20	M20
6	零件图(三)	夹环	2	N8	N9	N10	N11	N12
5	本图	加强角钢	3	L40x4	L40x4	L40x4	L50x4	L56x4
4	本图	加强角钢	1	L40x4	L40x4	L40x4	L50x4	L56x4
3	本图	斜撑	1	L36x4	L40x4	L40x4	L50x4	L56x4
2	本图	夹紧梁	1	L63x4	L63x4	L63x4	L63x4	L63x4
1	本图	支架	1或2	⊏16	2⊏12.6	2⊏16	2⊏20	2⊏25c
零件				明 细 表				

说明：

1. 支架、支座及其零件均应涂上防锈漆两道。

2. 图中焊接部分采用 E4301电焊条焊接，焊缝高度 k 不小于被焊件最小厚度。

3. 焊接组合槽钢时，其断续焊缝在支座处应错开或铲平。

4. 参见图集95R417-1.

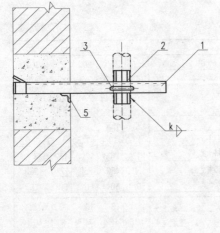

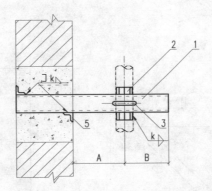

说明：

1. 支架、支座及其零件均应涂上防锈漆两道。

2. 图中焊接部分采用 E4301电焊条焊接，焊缝高度 K 不小于被焊件最小厚度。

3. 支梁埋入砖墙内的深度由土建设计人员决定。

4. 参见图集95R417-1。

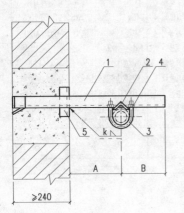

DN25~100（保温）
DN25~150（不保温）

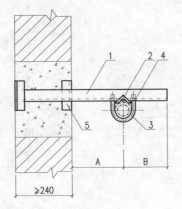

DN125（保温）
DN200（不保温）

尺　寸　表										
公称直径 DN	25	32	40	50	65	80	100	125	150	200
管子外径 D	32	38	45	57	76	89	108	133	159	219
A (mm) 保温	190	200	210	220	230	240	250	270	300	330
A (mm) 不保温	120	120	130	130	140	150	160	170	180	210
B (mm)	50	55	60	70	85	100	110	130	155	200
零件2长度	40	40	40	40	50	50	50	50	60	60
零件5长度	240	240	240	240	240	240	240	240	240	240

件号	图号	名称	件数	材料规格										
5	本图	加固角钢	1或2	L40x4	L40x4	L40x4	L40x4	L40x4	L40x4	L40x4	L40x4	L40x4	L40x4
4	GB/T6170-2000	螺母	2	M10	M10	M10	M12	M12	M12	M16	M16	M16	M20
3	零件图(一)	夹环	1	N1	N2	N3	N4	N5	N6	N7	N8	N9	N10
2	本图	角钢	2	L20x3	L20x4	L20x4	L20x4	L25x4	L30x4	L36x4	L45x3	L75x6	L56x4
1	本图	支架 保温	1	L50x4	L50x4	L63x4	L63x4	L70x5	L70x5	L70x8	⌐10	–	–
1	本图	支架 不保温	1	L20x3	L20x3	L20x4	L30x4	L40x4	L45x3	L50x4	L63x4	L70x5	⌐10
件号	图号	名称	件数	材料规格										
零件				明　细　表										

砖墙上保温及不保温立管固定支架　DN25~200

室内支架安装图

3.3
3.3.3 固定支架安装详图水平·垂直

3.3 固定支架安装详图水平·垂直
3.3.3 固定支架垂直安装详图

3.3.3(2) 焊于混凝土柱预埋钢板上保温及不保温立管固定支架DN25~200

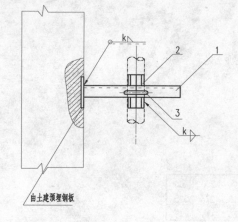

由土建预埋钢板

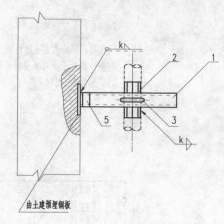

由土建预埋钢板

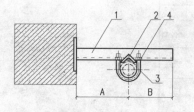

DN25~100（保温）
DN25~150（不保温）

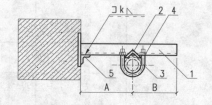

DN125（保温）
DN200（不保温）

说明：

1. 支架、支座及其零件均应涂上防锈漆两道。

2. 图中焊接部分采用 E4301电焊条焊接，焊缝高度 K不小于被焊件最小厚度。

3. 参见图集95R417-1.

尺 寸 表

公称直径	DN		25	32	40	50	65	80	100	125	150	200
管子外径	D		32	38	45	57	76	89	108	133	159	219
A (mm)	保温		190	200	210	220	230	240	250	270	300	330
	不保温		120	120	130	130	140	150	160	170	180	210
B (mm)			50	55	60	70	85	100	110	130	155	200
零件2长度			40	40	40	40	50	50	50	50	60	60
零件5长度			–	–	–	–	–	–	–	100	–	100

5	本图	加固角钢	1	–	–	–	–	–	–	–	L50x5	–	L50x5
4	GB/T6170-2000	螺母	2	M10	M10	M10	M12	M12	M12	M16	M16	M16	M20
3	零件图(一)	夹环	1	N1	N2	N3	N4	N5	N6	N7	N8	N9	N10
2	本图	角钢	2	L20x3	L20x4	L20x4	L20x4	L25x4	L30x4	L36x4	L45x4	L75x6	L56x4
1	本图	支架 保温	1	L50x4	L50x4	L63x4	L63x4	L70x5	L70x5	L70x8	□10	–	–
		不保温	1	L20x3	L20x3	L20x4	L30x4	L40x4	L45x4	L50x4	L63x4	L70x5	□10
件号	图号	名称	件数						材料规格				
	零件							明	细	表		

焊于混凝土柱预埋钢板上保温及不保温立管固定支架 DN25~200

建筑工程设计专业图库

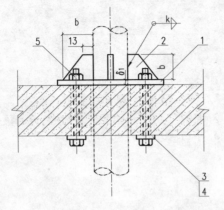

说明：1.管孔、螺栓孔由土建预留；
2.图中螺栓长度可根据楼板厚度另定。
3.参见图集95R417-1.

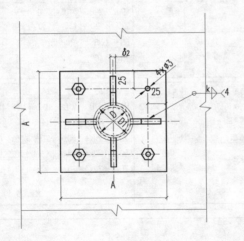

公称直径DN			150	200	250	300
管子外径D			159	219	273	325
楼板孔径D_1			260	320	375	425
总质量(kg)			5.89	8.91	17.95	24.90
5	螺母 GB/T6170-2000	4	规格	M12	M14	M16	M20
4	螺栓 GB/T5780-88	4	规格	M12x160	M14x160	M16x160	M20x160
3	垫圈 GB/T95-85	4	规格	12	14	16	20
2	钢板 GB/T708-88	1	b	90	90	130	130
			$\delta 2$	4	4	6	6
1	钢板 GB/T708-88	1	A	350	400	550	600
			$\delta 1$	6	8	8	10
			$\phi 3$	14	16	18	22

穿楼板的单管固定支架　DN150~300

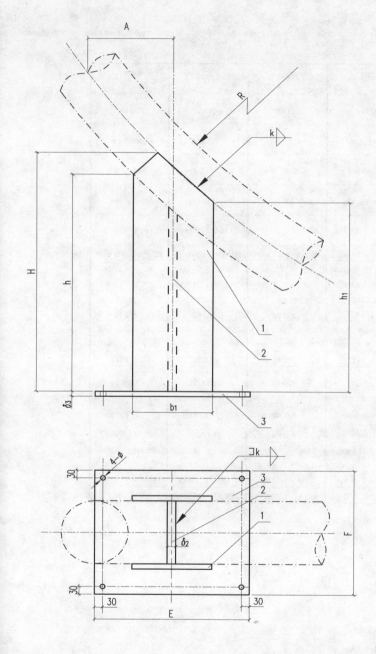

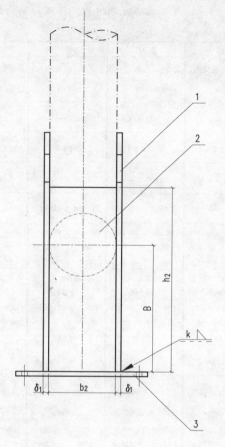

说明：1.地脚螺栓由土建预留.
　　　2.参见图集95R417-1.

公称直径 DN		100	125	150	200	250	300
管子外径 D		108	133	159	219	273	325
A		126	156	186	256	320	380
B		190	195	210	230	250	270

		总质量(kg)	18.33	18.74	26.40	33.03	63.75	72.70
3	钢板 GB/T708-88 1	φ	12	12	14	14	18	18
		E	350	350	405	405	510	510
		F	250	250	290	350	405	455
		δ3	8	8	10	10	12	12
2	钢板 GB/T708-88 1	h2	240	250	280	330	380	420
		b2	108	133	159	219	273	325
		δ2	8	8	8	8	10	10
1	钢板 GB/T708-88 2	H	438	447	506	568	687	745
		h1	232	255	285	365	412	482
		b1	250	250	300	300	400	400
		h	400	400	450	490	590	630
		δ1	8	8	8	8	10	10
		R	432	532	636	876	1092	1300

弯管用固定托座　DN100～300

常用设备图库

4.1
4.1.1
燃油、燃气锅炉
美国克雷顿蒸汽发生器

4.1.1(1)
蒸汽发生器全调制型号之技术规格资料

蒸汽发生器全调制型号之技术规格资料

技术规格	MODEL E-154	SE-154	MODEL E-204	SE-204	MODEL E-254	SE-254	MODEL E-304	SE-304	MODEL E-354	SE-354	MODEL E-404	SE-404	MODEL E-504	SE-504	MODEL E-604	SE-604
热量净输出值	1471 kW		1961 kW		2452 kW		2942 kW		3433 kW		3923 kW		4904 kW		5885 kW	
等量蒸汽输出值 由212℉(100℃)给水	2348kg/h		3130 kg/h		3913 kg/h		4695 kg/h		5477 kg/h		6260 kg/h		7825 kg/h		9389 kg/h	
设计压力(安全阀设定值)(见注1)	0.1–3.5 MPa		0.1–3.5 MPa		0.1–3.5 MPa		0.1–3.5 MPa		0.1–3.5 MPa		0.46–3.5 MPa		0.46–3.5 MPa		0.46–3.5 MPa	
操作蒸汽压力(见注2)(由设计压力定)	0.084–3.16 MPa		0.084–3.16 MPa		0.084–3.16 MPa		0.084–3.16 MPa		0.084–3.16 MPa		0.42–3.16 MPa		0.42–3.16 MPa		0.42–3.16 MPa	
最大蒸汽输出油耗(见注3、注4)	132 kg/h	129 kg/h	178 kg/h	172 kg/h	222 kg/h	215 kg/h	267 kg/h	258 kg/h	312 kg/h	301 kg/h	360 kg/h	344 kg/h	451 kg/h	425 kg/h	528 kg/h	516 kg/h
最大蒸汽输出时气耗(见注5)	158 m³/h	155 m³/h	213 m³/h	206 m³/h	266 m³/h	258 m³/h	319 m³/h	309 m³/h	373 m³/h	361 m³/h	426 m³/h	412 m³/h	533 m³/h	515 m³/h	632 m³/h	618 m³/h
热效率(%) 油 (见注7)	90	92–94.5*	89	92–94.5*	89	92–94.5*	90	92–94.5*	89	92–94.5*	88	92–94.5*	88	91–94	90	92–94.5*
气	91	93–95.5*	90	93–95.5*	90	93–95.5*	91	93–95.5*	90	93–95.5*	90	93–95.5*	90	93–95	91	93–95.5*
电动机(4788–14364Pa)(见注6)(14412–23940Pa)	9.3kW 由厂方确认	13.1kW 由厂方确认	14.9kW 由厂方确认		14.9kW 由厂方确认		18.7kW 由厂方确认		29.8kW 由厂方确认		26.1kW 由厂方确认		33.6kW 由厂方确认		52.2kW 由厂方确认	
所需电流量(持续工作电流)(4788–14364Pa) 230V/460V/575V (14412–23940Pa)	50 25 20 由厂方确认		70 35 28 由厂方确认		80 40 32 由厂方确认		90 45 36 由厂方确认		140 70 56 由厂方确认		120 60 48 由厂方确认		160 80 64 由厂方确认		220 110 80 由厂方确认	
所需供水量	3010 l/h		4010 l/h		5016 l/h		6019 l/h		7021 l/h		8042 l/h		10035 l/h		12040 l/h	
雾化空气 最大流量 最小压力	0.71 m³/min 0.49MPa		0.71 m³/min 0.49MPa		0.71 m³/min 0.49MPa		0.71 m³/min 0.49MPa		0.71 m³/min 0.49MPa		0.71 m³/min 0.49MPa		0.71 m³/min 0.49MPa		0.71 m³/min 0.49MPa	
外形尺寸近似值 长	2.54 m	2.54 m	2.54 m	2.54 m	2.54 m	2.54 m	2.90m	2.90m	2.90m	2.90m	3.07m	3.07m	3.07m	3.07m	3.25m	3.25m
宽	2.24 m	2.24 m	2.24 m	2.24 m	2.24 m	2.24 m	2.24m	2.24m	2.24m	2.24m	3.25m	3.25m	3.23m	3.23m	3.23m	3.23m
高(连脚)	2.59 m	3.07 m	2.59 m	3.07 m	2.59 m	3.07 m	2.91m	3.48m	2.91m	3.48m	3.33m	3.96m	3.33m	3.96m	4.59m	5.21m
装运重量	3697 kg	4082 kg	4014 kg	4400 kg	4014 kg	4400 kg	4014 kg	5375 kg	4014 kg	5375 kg	6518 kg	7666 kg	7539 kg	8673 kg	7688 kg	9412 kg

E-154型到E-604型均可调制到20%的负荷;燃油锅炉的燃烧器要用空气进行雾化,气源为压缩空气.

注1: 所有型号均用在可降低0%锅炉马力的半闭式系统上(净蒸汽输出量并不降低).设计压力可达21.1MPa,详细资料由厂家确认.

注2: E-154到E-354均适用于低压0.105MPa.

注3: 可提供FM,IRI,UL,CSA,ABS,Lloyds,USCG,CSD-1和NFPA的认证(可)书.

注4: 使用轻柴油(低热值为44380kJ/kg)满负荷燃烧耗油量.

注5: 使用天然气(低热值为36844kJ/m³)满负荷燃烧时耗气量.

注6: 在采用DA及SCR时,E-404型的电动机增加到28kW,电流相应增大.

注7: 本资料所示为克雷登标准准及带标准式节能器型号.标注有*者是带超级节能器的,其热效率可达94%-95.5%,可向厂家咨询.

注8: 型号:E代表所有蒸发量及型号;S为节能型;SS为超级节能型;EG为燃气型;EOG为油气两用型;SEOG为油气两用节能型.

注9: 中外合资杭州生产的产品其型号规格质量均不改变,目前主要产品如燃烧器、水泵、自动控制件及各种感应品电器均为美国原装进口,其价格比全装进口低50%.

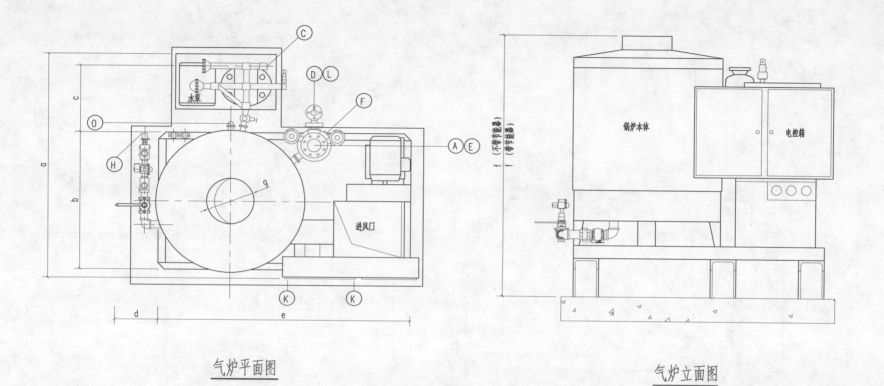

气炉平面图

气炉立面图

序号	EG-154	EG-204	EG-254	EG-304
g	Ø457	Ø457	Ø607	Ø607
f	2588(3067)	2588(3067)	2588(3067)	2905(3480)
e	2378	2378	2378	2378
d	406	406	406	406
c	660	660	660	660
b	1359	1359	1359	1359
a	2223	2223	2223	2223
蒸发量	2.35t/h	3.13t/h	3.91t/h	4.7t/h

尺 寸 表

		EG-154		EG-204		EG-254		EG-304	
O	次盘管重力排水出口	DN40	下接 1168	DN40	下接 1168	DN40	下接 1168	DN40	下接 1168
L	连续排污口	DN10	下接 1584	DN10	下接 1584	DN10	下接 1600	DN10	下接 1600
K	电气管线入口	DN50	下接 1276	DN50	下接 1276	DN50	下接 1276	DN50	下接 1276
H	燃气进口	DN25	侧接 594	DN40	侧接 594	DN40	侧接 594	DN40	侧接 594
F	主盘管重力排水出口	DN65	侧接 921	DN65	侧接 921	DN65	侧接 921	DN65	侧接 1168
E	汽水分离器排水出口	DN40	下接 673	DN40	下接 673	DN40	下接 673	DN40	下接 613
D	汽水分离器疏水出口	DN25	上接 1835	DN32	上接 1835	DN32	上接 1835	DN32	上接 2000
C	给水泵进口	DN50	侧接 591	DN50	侧接 591	DN50	侧接 591	DN50	侧接 670
B2	安全阀放散出口	DN40	侧接 2140	DN40	侧接 2140	DN50	侧接 2140	DN50	侧接 2318
B1	安全阀放散出口	DN40	侧接 2140	DN40	侧接 2140	DN50	侧接 2140	DN50	侧接 2318
A	汽水分离器蒸汽出口	DN100	上接 2334	DN100	上接 2334	DN100	上接 2334	DN100	上接 2499
序号	名称	管径	接管方位(mm)	管径	接管方位(mm)	管径	接管方位(mm)	管径	接管方位(mm)

接 管 表

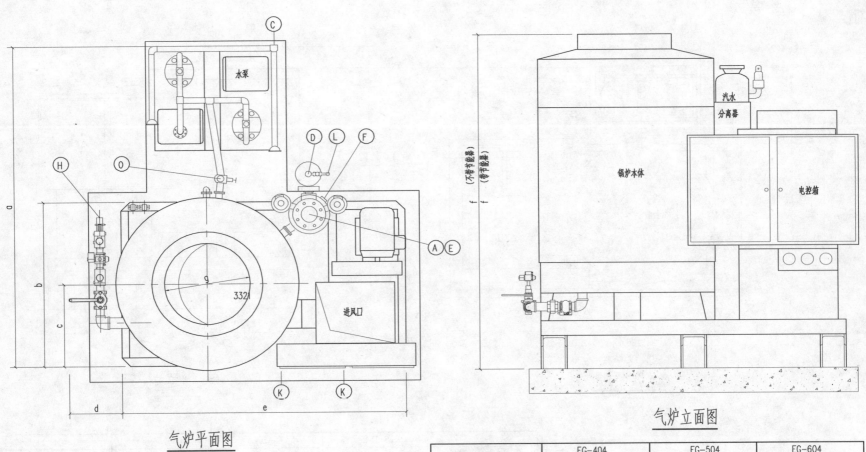

气炉平面图

气炉立面图

序号	EG-404	EG-504	EG-604
g	∅806	∅806	∅806
f	3321(3969)	3321(3969)	4585
e	2661	2661	2662
d	495	616	495
c	813	813	813
b	1629	1629	1629
a	3172	3172	3172
蒸发量	6.26t/h	7.83t/h	9.39t/h
尺 寸 表			

序号	名称	EG-404		EG-504		EG-604	
		管径	接管方位(mm)	管径	接管方位(mm)	管径	接管方位(mm)
O	次盘管重力排水出口	DN40	下接 1311	DN40	下接 1311	DN40	下接 1311
L	连续排污口	DN10	下接 1718	DN10	下接 1718	DN10	下接 1721
K	电气管线入口	DN50	下接 1311	DN50	下接 1311	DN50	下接 1311
H	燃气进口	DN50	侧接 641	DN50	侧接 641	DN50	侧接 641
F	主盘管重力排水出口	DN65	侧接 1003	DN65	侧接 1003	DN65	侧接 1003
E	汽水分离器排水出口	DN40	下接 558	DN40	下接 558	DN40	下接 558
D	汽水分离器疏水出口	DN40	上接 1969	DN40	上接 1969	DN40	上接 1969
C	给水泵进口	DN80	侧接 695	DN80	侧接 695	DN80	侧接 695
B2	安全阀放散出口	DN65	侧接 2880	DN80	侧接 2880	DN80	侧接 2880
B1	安全阀放散出口	DN65	侧接 2880	DN80	侧接 2880	DN80	侧接 2880
A	汽水分离器蒸汽出口	DN150	上接 3004	DN150	上接 3004	DN150	上接 3004
接 管 表							

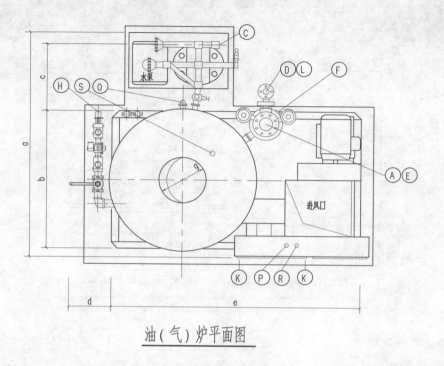

油（气）炉平面图

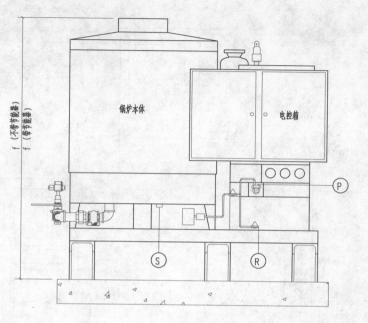

油（气）炉平面图

序号	EOG-154	EOG-204	EOG-254	EOG-304
g	Ø457	Ø457	Ø607	Ø613
f	2588(3067)	2588(3067)	2588(3067)	2905(3480)
e	2378	2378	2378	2378
d	406	406	406	406
c	660	660	660	660
b	1359	1359	1359	1359
a	2223	2223	2223	2223
蒸发量	2.35t/h	3.13t/h	3.91t/h	4.7t/h

尺 寸 表

		EOG-154		EOG-204		EOG-254		EOG-304	
S	次盘管重力排水出口	DN40	下接 686	DN40	下接 686	DN40	下接 686	DN40	下接 686
R	连续排污口	DN15	侧接 530	DN15	侧接 530	DN15	侧接 530	DN15	侧接 530
P	电气管线入口	DN15	侧接 962	DN15	侧接 962	DN15	侧接 962	DN15	侧接 962
O	次盘管重力排水出口	DN40	下接 1168	DN40	下接 1168	DN40	下接 1168	DN40	下接 1168
L	连续排污口	DN10	下接 1584	DN10	下接 1584	DN10	下接 1584	DN10	下接 1600
K	电气管线入口	DN50	下接 1276	DN50	下接 1276	DN50	下接 1276	DN50	下接 1276
H	燃气进口	DN40	侧接 594	DN40	侧接 594	DN40	侧接 594	DN40	侧接 594
F	主盘管重力排水出口	DN65	侧接 921	DN65	侧接 921	DN65	侧接 921	DN65	侧接 1168
E	汽水分离器排水出口	DN40	下接 673	DN40	下接 673	DN40	下接 673	DN40	下接 613
D	汽水分离器疏水出口	DN32	上接 1835	DN32	上接 1835	DN32	上接 1835	DN32	上接 2000
C	给水泵进口	DN50	侧接 591	DN50	侧接 591	DN50	侧接 591	DN50	侧接 670
B2	安全阀放散出口	DN50	侧接 2140	DN50	侧接 2140	DN50	侧接 2140	DN50	侧接 2318
B1	安全阀放散出口	DN50	侧接 2140	DN50	侧接 2140	DN50	侧接 2140	DN50	侧接 2318
A	汽水分离器蒸汽出口	DN100	上接 2334	DN100	上接 2334	DN100	上接 2334	DN100	上接 2499
序号	名称	管径	接管方位(mm)	管径	接管方位(mm)	管径	接管方位(mm)	管径	接管方位(mm)

接 管 表

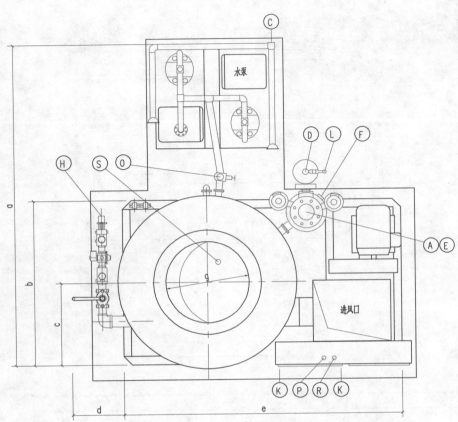

油（气）炉平面图

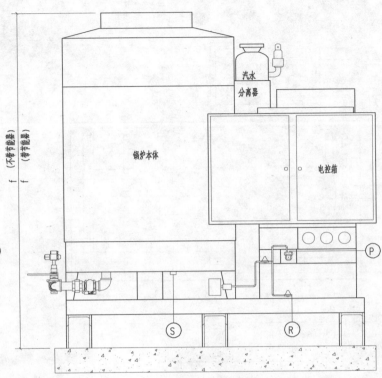

油（气）炉平面图

序号	EOG-404	EOG-504	EOG-604
g	∅806	∅806	∅806
f	3321(3969)	3321(3969)	4585
e	2661	2661	2661
d	495	616	495
c	813	813	813
b	1629	1629	1629
a	3172	3172	3172
蒸发量	6.26t/h	7.83t/h	9.39t/h
尺 寸 表			

序号	名称	EOG-404		EOG-504		EOG-604	
		管径	接管方位(mm)	管径	接管方位(mm)	管径	接管方位(mm)
S	次盘管重力排水出口	DN65	下接 765	DN65	下接 765	DN65	下接 765
R	连续排污口	DN15	侧接 556	DN15	侧接 556	DN15	侧接 556
P	电气管线入口	DN15	侧接 987	DN15	侧接 987	DN15	侧接 987
O	次盘管重力排水出口	DN40	下接 1311	DN40	下接 1311	DN40	下接 1311
L	连续排污口	DN10	下接 1718	DN10	下接 1718	DN10	下接 1718
K	电气管线入口	DN50	下接 1311	DN50	下接 1311	DN50	下接 1311
H	燃气进口	DN50	侧接 641	DN50	侧接 641	DN50	侧接 641
F	主盘管重力排水出口	DN65	侧接 1003	DN65	侧接 1003	DN65	侧接 1003
E	汽水分离器排水出口	DN40	下接 558	DN40	下接 558	DN40	下接 558
D	汽水分离器疏水出口	DN40	上接 1969	DN40	上接 1969	DN40	上接 1969
C	给水泵进口	DN80	侧接 695	DN80	侧接 695	DN80	侧接 695
B2	安全阀放散出口	DN65	侧接 2880	DN65	侧接 2880	DN80	侧接 2880
B1	安全阀放散出口	DN65	侧接 2880	DN65	侧接 2880	DN80	侧接 2880
A	汽水分离器蒸汽出口	DN150	上接 3004	DN150	上接 3004	DN150	上接 3004
序号	名称	管径	接管方位(mm)	管径	接管方位(mm)	管径	接管方位(mm)
接 管 表							

UL-S系列蒸汽锅炉技术规格性能参数表

参数 \ 型号	1250	2000	2600	3200	4000	5000	6000	7000	8000	10000	12000	13000
压力	4/6/8/10	4/6/8/10	4/6/8/10	4/6/8/10	4/6/8/10	4/6/8/10	4/6/8/10	4/6/8/10	4/6/8/10	4/6/8/10	4/6/8/10	4/6/8/10
水容量（dm³）	1785	2560	3190	3800	5930	6990	8270	9000	10900	11800	14400	16300
蒸汽空间（dm³）	520	753	870	1030	2090	2640	2850	3300	3700	4600	5400	5850
最大废气排放量（kg/h）	1310	2130	2730	3310	4170	5210	6190	7230	8420	10400	11800	12900
辐射损失(kW)	7.1	10	12	14	16	17	18	19	21	23	24	27
排烟温度(℃)	234	235	236	232	238	239	240	240	238	240	238	240
热效率(%)	90.5	90.8	90.8	90.9	90.8	90.9	91.0	91.0	90.8	91.0	90.8	91.0
运输重量(kg)	4260	6300	6920	7800	10900	13300	15500	16800	18600	21300	23700	29100
运行重量(kg)	6560	9611	10978	12633	18919	22955	26614	29120	33224	37727	43514	51274
安全阀	DN25 PN16	DN32 PN16	DN32 PN16	DN40 PN16	DN40 PN16	DN50 PN16	DN50 PN16	DN50 PN16	DN65 PN16	DN65 PN16	DN65 PN16	DN65 PN40
给水截止阀	DN25 PN40	DN25 PN40	DN25 PN40	DN25 PN40	DN40 PN40	DN40 PN40	DN40 PN40	DN40 PN40	DN40 PN40	DN50 PN40	DN50 PN40	DN50 PN40
给水止回阀	DN25 PN40	DN25 PN40	DN25 PN40	DN25 PN40	DN40 PN40	DN40 PN40	DN40 PN40	DN40 PN40	DN40 PN40	DN50 PN40	DN50 PN40	DN50 PN40
排污截止阀	DN25 PN40	DN25 PN40	DN25 PN40	DN25 PN40	DN40 PN40	DN40 PN40	DN40 PN40	DN40 PN40	DN40 PN40	DN40 PN40	DN40 PN40	DN40 PN40
自关闭快速排污阀	DN25 PN40	DN25 PN40	DN25 PN40	DN25 PN40	DN40 PN40	DN40 PN40	DN40 PN40	DN40 PN40	DN40 PN40	DN40 PN40	DN40 PN40	DN40 PN40
脱盐截止阀	DN25 PN16	DN25 PN16	DN25 PN16	DN25 PN16	DN25 PN16	DN25 PN16	DN25 PN16	DN25 PN16	DN25 PN16	DN25 PN16	DN25 PN16	DN25 PN40
脱盐调节阀	DN25 PN40	DN25 PN40	DN25 PN40	DN25 PN40	DN25 PN40	DN25 PN40	DN25 PN40	DN25 PN40	DN25 PN40	DN25 PN40	DN25 PN40	DN25 PN40
主蒸汽阀	DN50 PN16	DN65 PN16	DN80 PN16	DN80 PN16	DN100 PN16	DN100 PN16	DN125 PN16	DN125 PN16	DN125 PN16	DN150 PN16	DN150 PN16	DN150 PN25
水泵过滤器	DN40 PN16	DN50 PN16	DN50 PN16	DN50 PN16	DN65 PN16	DN65 PN16	DN65 PN16	DN80 PN16	DN80 PN16	DN100 PN16	DN100 PN16	DN100 PN16
水泵闸阀	DN40 PN16	DN50 PN16	DN50 PN16	DN50 PN16	DN65 PN16	DN65 PN16	DN65 PN16	DN80 PN16	DN80 PN16	DN100 PN16	DN100 PN16	DN100 PN16
水泵止回阀	DN25 PN40	DN25 PN40	DN25 PN40	DN25 PN40	DN32 PN40	DN32 PN40	DN40 PN40	DN40 PN40	DN40 PN40	DN50 PN40	DN50 PN40	DN50 PN40
水泵截止阀	DN25 PN40	DN25 PN40	DN25 PN40	DN25 PN40	DN32 PN40	DN32 PN40	DN40 PN40	DN40 PN40	DN40 PN40	DN50 PN40	DN50 PN40	DN50 PN40

UL-S系列蒸汽锅炉技术规格性能参数表（带节能器）

参数 ＼ 型号	2000	2600	3200	4000	5000	6000	7000	8000	10000	12000	13000
压力	4/6/8/10	4/6/8/10	4/6/8/10	4/6/8/10	4/6/8/10	4/6/8/10	4/6/8/10	4/6/8/10	4/6/8/10	4/6/8/10	4/6/8/10
水容量（dm³）	2560	3190	3800	5930	6990	8270	9000	10900	11800	14400	16300
蒸汽空间（dm³）	753	870	1030	2090	2640	2850	3300	3700	4600	5400	5850
最大废气排放量（kg/h）	1980	2570	3310	3960	4940	5930	6910	7900	9870	11800	12900
辐射损失(kW)	9.4	12	13	15	16	18	19	20	22	24	27
排烟温度（℃）	150	150	150	150	150	150	150	150	150	150	150
热效率(%)	94.1	94.1	94.1	94.2	94.2	94.2	94.2	94.3	94.3	94.3	94.3
运输重量(kg)	7160	7840	8730	11900	14400	16900	18200	20300	23100	25900	31400
运行重量(kg)	10503	11948	13603	19982	24092	28097	30603	35022	39582	45913	53729
安全阀	DN32 PN16	DN32 PN16	DN40 PN16	DN40 PN16	DN50 PN16	DN50 PN16	DN50 PN16	DN65 PN16	DN65 PN16	DN65 PN16	DN65 PN40
给水截止阀	DN25 PN40	DN25 PN40	DN25 PN40	DN40 PN40	DN40 PN40	DN40 PN40	DN40 PN40	DN40 PN40	DN50 PN40	DN50 PN40	DN50 PN40
给水止回阀	DN25 PN40	DN25 PN40	DN25 PN40	DN40 PN40	DN40 PN40	DN40 PN40	DN40 PN40	DN40 PN40	DN50 PN40	DN50 PN40	DN50 PN40
排污截止阀	DN25 PN40	DN25 PN40	DN25 PN40	DN40 PN40	DN40 PN40	DN40 PN40	DN40 PN40	DN40 PN40	DN40 PN40	DN40 PN40	DN40 PN40
自关闭快速排污阀	DN25 PN40	DN25 PN40	DN25 PN40	DN40 PN40	DN40 PN40	DN40 PN40	DN40 PN40	DN40 PN40	DN40 PN40	DN40 PN40	DN40 PN40
脱盐截止阀	DN25 PN16	DN25 PN16	DN25 PN16	DN25 PN16	DN25 PN16	DN25 PN16	DN25 PN16	DN25 PN16	DN25 PN16	DN25 PN16	DN25 PN40
脱盐调节阀	DN25 PN40	DN25 PN40	DN25 PN40	DN25 PN40	DN25 PN40	DN25 PN40	DN25 PN40	DN25 PN40	DN25 PN40	DN25 PN40	DN25 PN40
主蒸汽阀	DN65 PN16	DN80 PN16	DN80 PN16	DN100 PN16	DN100 PN16	DN125 PN16	DN125 PN16	DN125 PN16	DN150 PN16	DN150 PN16	DN150 PN25
水泵过滤器	DN50 PN16	DN50 PN16	DN50 PN16	DN65 PN16	DN65 PN16	DN65 PN16	DN80 PN16	DN80 PN16	DN100 PN16	DN100 PN16	DN100 PN16
水泵闸阀	DN50 PN16	DN50 PN16	DN50 PN16	DN65 PN16	DN65 PN16	DN65 PN16	DN80 PN16	DN80 PN16	DN100 PN16	DN100 PN16	DN100 PN16
水泵止回阀	DN25 PN40	DN25 PN40	DN25 PN40	DN32 PN40	DN32 PN40	DN40 PN40	DN40 PN40	DN40 PN40	DN50 PN40	DN50 PN40	DN50 PN40
水泵截止阀	DN25 PN40	DN25 PN40	DN25 PN40	DN32 PN40	DN32 PN40	DN40 PN40	DN40 PN40	DN40 PN40	DN50 PN40	DN50 PN40	DN50 PN40

UT系列热水锅炉技术规格性能参数表

参数 \ 型号	1000	1350	1900	2500	3050	3700	4150	5200	6500	7700	9300	11200
进水温度（℃）	95	95	95	95	95	95	95	95	95	95	95	95
回水温度（℃）	70	70	70	70	70	70	70	70	70	70	70	70
设计压力（MPa）	0.6	0.6	0.6	0.6	0.6	0.6	0.6	0.6	0.6	0.6	0.6	0.6
水流量（m³/h）	35.4	47.8	67.3	88.6	108	131	147	184	230	273	330	397
火侧换热面积（m²）	25.4	35.2	43.7	61.7	67.6	80.2	99.6	111.4	145.8	179.9	212.9	253.8
水侧换热面积（m²）	28.2	39.6	48.3	67.4	73.9	87.7	106	122	154	195	230	273
最大废气排气量（kg/h）	1560	2090	2980	3910	4790	5750	6470	8120	10200	12000	14500	17500
排烟温度（℃）	218	210	222	220	222	211	212	217	222	216	211	212
热效率（%）	91.4	92.4	91.9	91.3	91.8	92.3	91.7	91.5	92.1	91.5	91.8	92.0
安全阀	DN32 PN40	DN40 PN40	DN50 PN40	DN50 PN40	DN65 PN16	DN65 PN16	DN65 PN16	DN80 PN16	DN80 PN16	DN100 PN16	DN100 PN16	DN100 PN16
排污阀	DN25 PN40	DN32 PN40	DN32 PN40	DN32 PN40	DN32 PN40	DN32 PN40	DN32 PN40	DN32 PN40	DN50 PN40	DN50 PN40	DN50 PN40	DN50 PN40
进水阀	DN80 PN16	DN100 PN16	DN125 PN16	DN125 PN16	DN150 PN16	DN150 PN16	DN200 PN16	DN200 PN16	DN200 PN16	DN250 PN16	DN250 PN16	DN250 PN16
回水阀	DN80 PN16	DN100 PN16	DN125 PN16	DN125 PN16	DN150 PN16	DN150 PN16	DN200 PN16	DN200 PN16	DN200 PN16	DN250 PN16	DN250 PN16	DN250 PN16

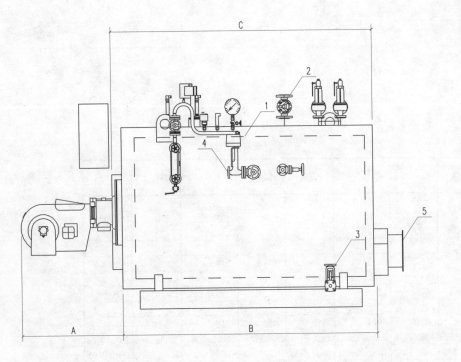

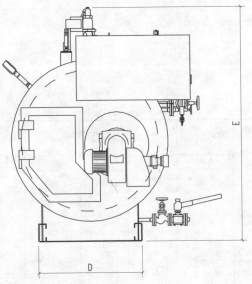

编号	接　口
1	锅炉进水接口
2	锅炉蒸汽接口
3	锅炉定时排污接口
4	锅炉连续排污接口
5	锅炉烟道接口

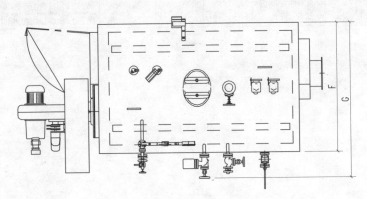

序号	UL-S1250	UL-S2000	UL-S2600	UL-S3200
G	1922	2107	2192	2192
F	ø1600	ø1800	ø1900	ø1900
E	2322	2510	2558	2640
D	1060	1100	1360	1360
C	2670	3070	3420	3950
B	2570	2920	3270	3800
A	1035	1035	1035	1226
蒸发量	1.25t/h	2.0t/h	2.6t/h	3.2t/h
尺　寸　表				

蒸汽锅炉外形图

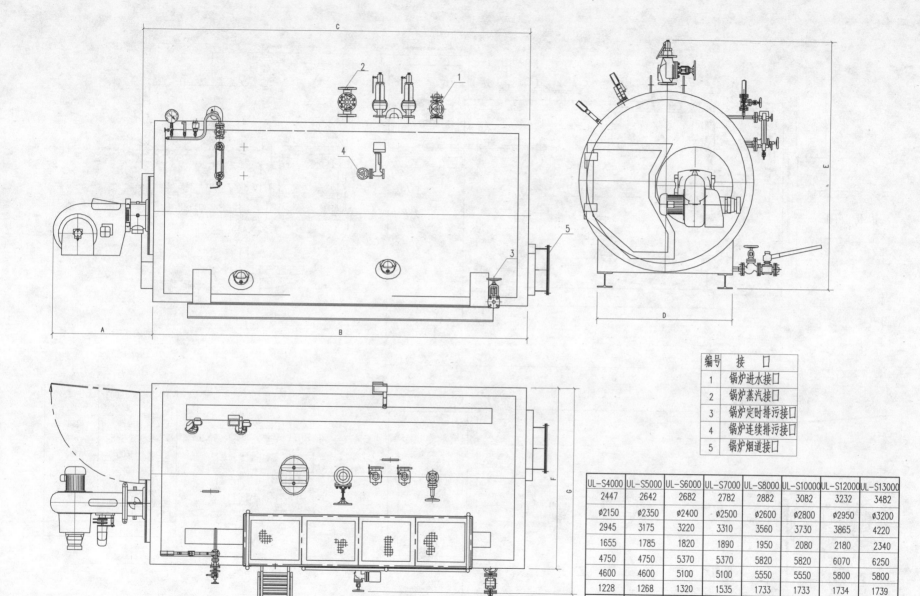

蒸汽锅炉外形图

编号	接　口
1	锅炉进水接口
2	锅炉蒸汽接口
3	锅炉定时排污接口
4	锅炉连续排污接口
5	锅炉烟道接口

UL-S4000	UL-S5000	UL-S6000	UL-S7000	UL-S8000	UL-S10000	UL-S12000	UL-S13000
2447	2642	2682	2782	2882	3082	3232	3482
φ2150	φ2350	φ2400	φ2500	φ2600	φ2800	φ2950	φ3200
2945	3175	3220	3310	3560	3730	3865	4220
1655	1785	1820	1890	1950	2080	2180	2340
4750	4750	5370	5370	5820	5820	6070	6250
4600	4600	5100	5100	5550	5550	5800	5800
1228	1268	1320	1535	1733	1733	1734	1739
4.0t/h	5.0t/h	6.0t/h	7.0t/h	8.0t/h	10.0t/h	12.0t/h	13.0t/h
尺　寸　表							

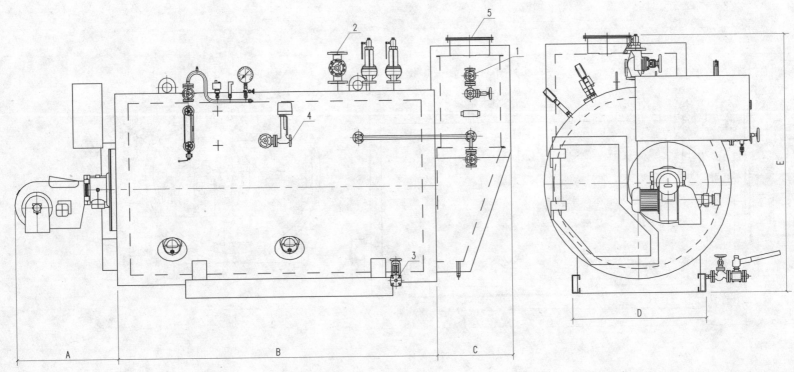

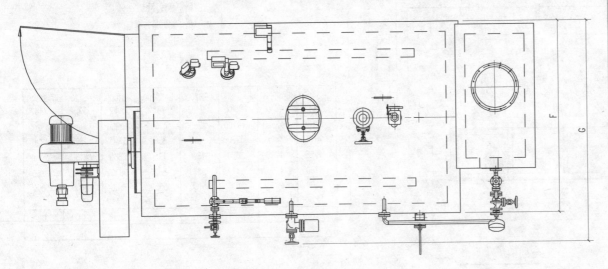

编号	接　口
1	锅炉进水接口
2	锅炉蒸汽接口
3	锅炉定时排污接口
4	锅炉连续排污接口
5	锅炉烟道接口

序号	UL-S IE2600	UL-S IE3200
G	2192	2192
F	ø1900	ø1900
E	2558	2640
D	1360	1360
C	780	780
B	3270	3800
A	1033	1226
蒸发量	2.6t/h	3.2t/h
尺　寸　表		

蒸汽锅炉(节能器)外形图

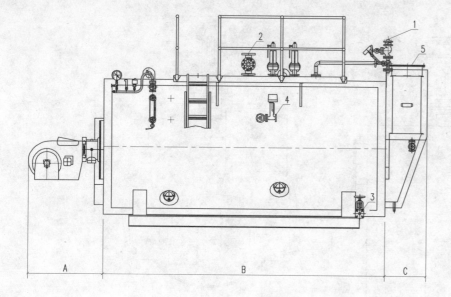

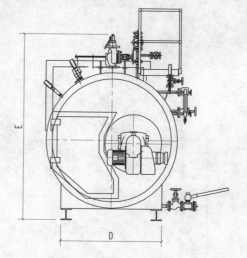

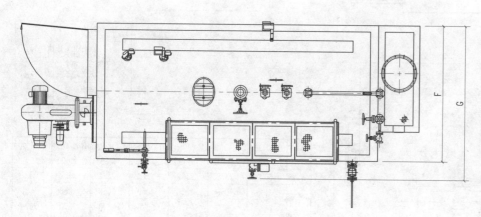

蒸汽锅炉(节能器)外形图

编号	接　　口
1	锅炉进水接口
2	锅炉蒸汽接口
3	锅炉定时排污接口
4	锅炉连续排污接口
5	锅炉烟道接口

UL-SIE4000	UL-SIE5000	UL-SIE6000	UL-SIE7000	UL-SIE8000	UL-SIE10000	UL-SIE12000	UL-SIE13000
2447	2642	2682	2782	2882	3082	3232	3482
∅2150	∅2350	∅2400	∅2500	∅2600	∅2800	∅2950	∅3200
2945	3175	3220	3310	3560	3730	3865	4220
1655	1785	1820	1890	1950	2080	2180	2340
680	640	785	790	920	994	1135	1144
4600	4600	5100	5100	5550	5550	5800	5800
1228	1268	1320	1535	1737	1734	1734	1732
4.0t/h	5.0t/h	6.0t/h	7.0t/h	8.0t/h	10.0t/h	12.0t/h	13.0t/h
			尺　寸　表				

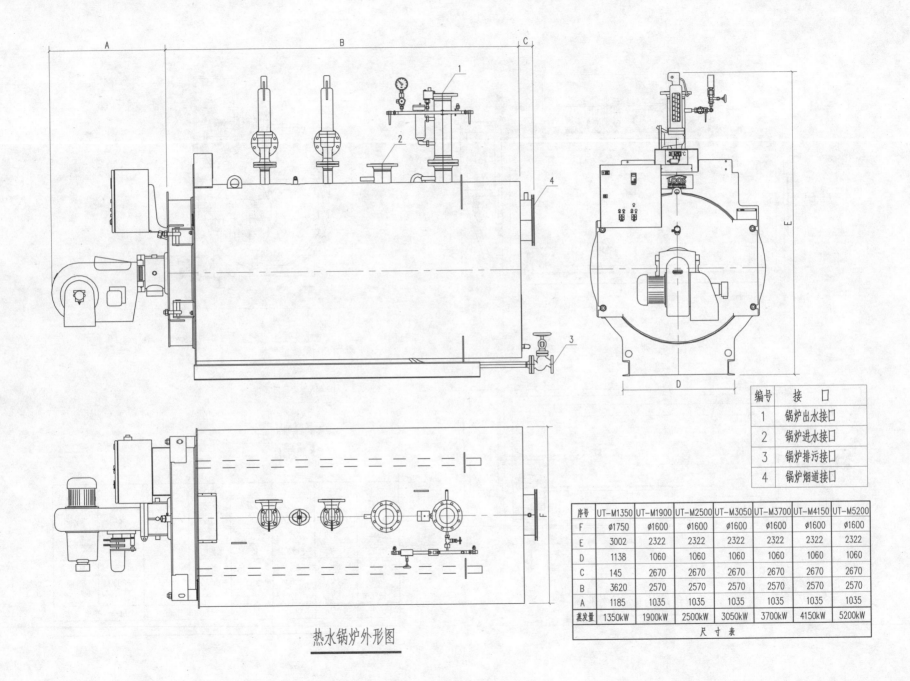

热水锅炉外形图

编号	接　口
1	锅炉出水接口
2	锅炉进水接口
3	锅炉排污接口
4	锅炉烟道接口

序号	UT-M1350	UT-M1900	UT-M2500	UT-M3050	UT-M3700	UT-M4150	UT-M5200
F	∅1750	∅1600	∅1600	∅1600	∅1600	∅1600	∅1600
E	3002	2322	2322	2322	2322	2322	2322
D	1138	1060	1060	1060	1060	1060	1060
C	145	2670	2670	2670	2670	2670	2670
B	3620	2570	2570	2570	2570	2570	2570
A	1185	1035	1035	1035	1035	1035	1035
蒸发量	1350kW	1900kW	2500kW	3050kW	3700kW	4150kW	5200kW
				尺　寸　表			

建筑工程设计专业图库

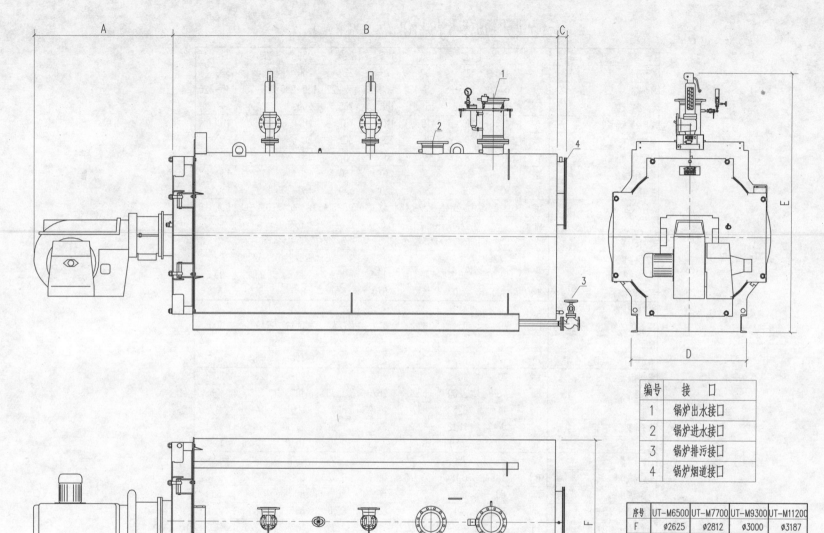

编号	接 口
1	锅炉出水接口
2	锅炉进水接口
3	锅炉排污接口
4	锅炉烟道接口

序号	UT-M6500	UT-M7700	UT-M9300	UT-M11200
F	φ2625	φ2812	φ3000	φ3187
E	4103	4288	4477	4665
D	1888	1900	2012	2037
C	153	153	153	153
B	6297	6590	6836	7411
A	2255	2255	2252	2252
蒸发量	6500kW	7700kW	9300kW	11200kW
	尺 寸 表			

热水锅炉外形图

Hoval 热水锅炉参数表(110kW~320kW)

型号		110	125	150	175	220	250	280	320
最大出力	kW	110	125	150	175	220	250	280	320
出力范围	kW	70-110	75-125	85-150	95-175	135-220	150-250	160-286	145-320
燃烧器最大出力	kW	118.3	135.8	161.3	188.2	236.6	269.1	303.4	344
锅炉最高工作温度	℃	110	110	110	110	110	110	110	110
锅炉最低工作温度	℃	50	50	50	50	50	50	65	65
最低锅炉回水温度	℃	38	38	38	38	38	38	55	55
最低烟气温度	℃	130	130	130	130	130	130	130	130
安全限温	℃	130	130	130	130	130	130	130	130
运行/测试 压力	MPa	0.3/0.45	0.3/0.45	0.3/0.45	0.3/0.45	0.3/0.45	0.3/0.45	0.4/0.6	0.4/0.6
	MPa	–	0.5/0.75	0.5/0.75	0.6/0.9	0.6/0.9	0.6/0.9	–	–
对于160烟气温度的		3R5+	9R3/290	6R5/290	6R5+	9R5/290	6R5+	6R5+	–
烟气调整装置		2R3/290						3R3/290	3R3/290
锅炉效率80/60℃	%	91.0	90.2	89.2	90.1	92.6	92.8	93.1	93.2
70待机状态的qB亏量	Watt	400	440	440	570	570	610	670	670
额定输出状态下烟气温度180℃ 12.5%CO_2 海拔500m(±20%) 的烟气阻力	Pa	70	93	89	81	123	140	190	300
额定输出12.5%CO_2下的烟气流	kg/h	188	222	257	299	375	426	484	542
锅炉内流动阻力	z值	20	20	20	20	20	20	20	20
水流阻力 10K	Pa	1790	2500	3328	2670	3580	4623	5760	1666
20K	Pa	447	625	832	1500	895	1156	1440	417
水流体积流量 10K	m³/h	9.46	11.18	12.9	34.86	18.92	21.50	24.51	27.52
20K	m³/h	4.73	5.59	6.45	7.53	9.46	10.75	12.26	13.76
锅炉水容量	l	250	250	270	362	362	480	480	625
锅炉燃气体积	m³	0.1848	0.1848	0.236	0.322	0.322	0.428	0.428	0.402
绝热层厚度	mm	80	80	80	80	80	80	80	80
锅炉重量(包括外壳)	kg	391	391	495	635	635	880	880	920
锅炉重量(不包括外壳)	kg	–	–	552	719	719	1023	1023	–
炉膛尺寸 内径	mm	440	440	440	490	490	488	488	488
长度	mm	974	974	974	974	974	1434	1434	1634
炉膛体积	m³	0.148	0.148	0.148	0.184	0.184	0.268	0.268	0.3056
锅炉尺寸 长	mm	780	910	780	910	910	910	910	910
不含燃烧器和消声罩 宽	mm	1536	1548	1536	1565	1565	2050	2050	2147
高	mm	1255	1403	1255	1563	1563	1563	1563	1563

注:锅炉中以Pa为单位的流动阻力=体积速率^2×Z.

Hoval 热水锅炉参数表(500kW~1400kW）

型号		250	320	420	530	620	750	1000	1250
最大出力	kW	300	360	500	610	720	870	1150	1400
最小出力	kW	160	192	252	318	372	450	600	750
燃烧器最大出力	kW	323	388	535	665	773	933	1234	1415
锅炉最高工作温度	℃	120	120	120	120	120	120	120	120
安全限温	℃	130	130	130	130	130	130	130	130
最低烟气温度(油/气)	℃	130	130	130	130	130	130	130	130
最低锅炉出水温度	℃	60/65	60/65	60/65	60/65	60/65	60/65	60/65	60/65
最低锅炉回水温度	℃	50/55	50/55	50/55	50/55	50/55	50/55	50/55	50/55
运行/测试 压力	MPa	0.6/0.9	0.6/0.9	0.6/0.9	0.6/0.9	0.6/0.9	0.6/0.9	0.6/0.9	0.6/0.9
锅炉效率80/60℃	%	92.3	93.2	92.9	92.6	92.5	92.5	92.6	92.6
70待机状态的qB亏量	Watt	680	819	1000	1035	1120	1180	1250	1380
额定输出状态下烟气温度180℃ 12.5%CO_2 海拔500m(±20%)的烟气阻力	Pa	254	450	490	570	520	650	740	900
额定输出12.5%CO_2下的烟气流	kg/h	520	554	850	1037	1224	1479	1955	2295
锅炉内流动阻力	z值	10	10	2.2	2.2	0.8	0.8	0.3	0.3
水流阻力　　15K	Pa	2940	3340	1800	2670	1350	1980	1300	1790
20K	Pa	1650	1880	1010	1500	760	1110	730	1080
水流体积流量　15K	m³/h	17.14	18.20	28.57	34.86	41.14	49.71	65.71	77.14
20K	m³/h	12.86	13.71	21.43	26.14	30.86	37.29	49.29	57.86
锅炉水容量	l	361	420	552	520	969	938	1528	1478
锅炉燃气体积	m³	0.317	0.370	0.583	0.602	0.846	0.872	1.350	1.390
绝热层厚度	mm	80	80	80	80	80	80	80	80
锅炉重量(包括外壳)	kg	793	885	1093	1150	1770	1800	2500	2600
锅炉重量(不包括外壳)	kg	693	765	943	1000	1590	1620	2369	2460
炉膛尺寸　　内径	mm	486	486	606	606	684	684	782	782
长度	mm	1295	1515	1624	1624	1899	1899	2182	2182
炉膛体积	m³	0.240	0.282	0.466	0.466	0.699	0.699	1.047	1.047
锅炉尺寸　　长	mm	970	970	1190	1190	1310	1310	1500	1500
不含燃烧器和消声罩 宽	mm	1736	2065	2178	2178	2452	2452	2739	2739
高	mm	1255	1255	1435	1435	1555	1555	1755	1755

注: 锅炉中以Pa为单位的流动阻力=体积速率^2×Z.

Hoval热水锅炉参数表（2300kW~5000kW）

型号		（23/15）	（28/20）	35/25	（40/30）	（45/35）	（50/40）
最大出力	kW	2300	2800	3500	4000	4500	5000
最小出力	kW	750	850	1200	1400	1800	1900
燃烧器最大输出	kW	2500	3047	3808	4343	4860	5405
燃烧器最小输出	kW	790	900	1260	1490	1900	2000
锅炉最高工作温度	℃	105	105	105	105	105	105
锅炉最低工作温度	℃	参见运行条件					
最低回水温度	℃	参见运行条件					
最低排烟温度	℃	参见运行条件					
安全限温	℃	120	120	120	120	120	120
运行/测试 压力	MPa	0.6/0.96	0.6/0.96	0.6/0.96	0.6/0.96	0.6/0.96	0.6/0.96
运行/测试 压力(可选)	MPa	1/1.6	1/1.6	1/1.6	1/1.6	1/1.6	1/1.6
在80/60℃时锅炉效率	%	91.7	91.6	91.9	92.1	92.3	92.5
标准热效率(DIN4702part8 75/60℃)	%	93.8	93.7	94	94.2	94.4	94.6
70℃时的待机损失	Watt	1460	1680	1940	2150	2275	2740
最大出力时的排烟温度	℃	206	207	200	195	191	186
最大出力时的烟气阻力 12.5%CO₂ 海拔500m(±20%)	Pa	900	900	1000	1100	1100	1100
最大出力时的烟气流量 12.5%CO₂,燃油	kg/h	3900	4700	6000	6800	7700	850
锅炉水阻力系数	Z值	0.2	0.2	0.2	0.2	0.2	0.2
20K时的水流阻力	Pa	1900	2900	4500	5900	7400	9200
20K时的水流量	m³/h	99	120	150	171	193	214
炉水容量	l	2800	3600	4500	5000	5500	6500
炉体保温	mm	100	100	100	100	100	100
运输重量(包括外饰板)0.6MPa	kg	4000	5300	6000	6600	7300	8400
运输重量(包括外饰板)1MPa	kg	4500	6000	6900	7600	8200	10000
炉膛内径x长度(0.6MPa)	mm	750/2420	800/2920	850/3270	900/3570	950/3720	1000/4120
炉膛内径x长度(1MPa)	mm	750/2420	800/2920	850/3270	900/3570	950/3720	1000/4120
炉膛体积	m³	1.07	1.47	1.86	2.27	2.64	3.24
锅炉尺寸 宽度	mm	1700	1800	1900	1950	2000	2100
不含燃烧器长度	mm	3450	3850	4300	4600	4750	5150
高度(不含配管)	mm	1900	2000	2100	2150	2200	2350
高度(含配管)	mm	2300	2400	2550	2550	2600	2750

注：锅炉中以Pa为单位的流动阻力=体积速率² xZ.

运行条件

燃料		燃料EL	天然气H	燃油
最低烟气温度	℃	130	130	130
最低锅炉工作温度	℃	70	75	75
最低锅炉回水温度	℃	60	65	65

Hoval热水锅炉参数表(5500kW~10000kW)

型号		(55/45)	(60/50)	(70/60)	(80/70)	(90/80)	(100/90)
最大出力	kW	5500	6000	7000	8000	9000	10000
最小出力	kW	2000	2100	2700	2800	3200	3600
燃烧器最大输出	kW	5927	6466	7527	8639	9729	10810
燃烧器最小输出	kW	2100	2200	2900	3000	3400	3800
锅炉最高工作温度	℃	105	105	105	105	105	105
锅炉最低工作温度	℃	参见运行条件					
最低回水温度	℃	参见运行条件					
最低排烟温度	℃	参见运行条件					
安全限温	℃	120	120	120	120	120	120
运行/测试 压力	MPa	0.6/0.96	0.6/0.96	0.6/0.96	0.6/0.96	0.6/0.96	0.6/0.96
运行/测试 压力(可选)	MPa	1.0/1.6	1.0/1.6	1.0/1.6	1.0/1.6	1.0/1.6	1.0/1.6
在80/60℃时锅炉效率	%	92.5	92.5	92.7	92.6	92.5	92.5
标准热效率(DIN4702part8 75/60℃)	%	94.6	94.6	94.8	94.7	94.6	94.6
70℃时的待机损失	Watt	2270	3040	3561	3760	4560	5100
最大出力时的排烟温度	℃	187	186	182	185	186	187
最大出力时的烟气阻力 12.5%CO$_2$海拔500m(±20%)	Pa	1200	1300	1300	1400	1400	1500
最大出力时的烟气流量 12.5%CO$_2$,燃油	kg/h	9300	10200	11900	13600	15300	17000
锅炉水阻力系数	z值	0.2	0.2	0.2	0.2	0.2	0.2
20K时的水流阻力	Pa	11100	13200	18000	23500	29800	36700
20K时的水流量	m³/h	236	257	300	343	386	429
炉水容量	l	7000	8000	9000	9500	11500	13000
炉体保温	mm	100	100	100	100	100	100
运输重量(包括外饰板)0.6MPa	kg	9200	10000	11200	12500	14000	16000
运输重量(包括外饰板)1MPa	kg	10800	12200	13500	15000	17000	18500
炉膛内径x长度(0.6MPa)	mm	1025/4370	1050/4420	1100/4620	1150/4820	1200/5120	1250/5420
炉膛内径x长度(1MPa)	mm	1025/4370	1050/4420	1100/4620	1150/4820	1200/5120	1250/5420
炉膛体积	m³	3.61	3.83	4.39	5.01	5.79	6.65
锅炉尺寸　　　宽度	mm	2150	2200	2300	2400	2500	2600
不含燃烧器长度	mm	5400	5450	5650	5850	6150	6450
高度(不含配管)	mm	2450	2500	2600	2700	2800	2900
高度(含配管)	mm	2850	2900	3000	3100	3200	3300

注:锅炉中以Pa为单位的流动阻力=体积速率^2 xZ.

运行条件				
燃料		燃料EL	天然气H	燃油L
最低烟气温度	℃	130	130	130
最低锅炉工作温度	℃	70	75	75
最低锅炉回水温度	℃	60	65	65

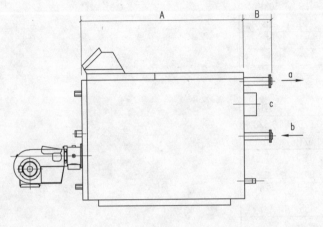

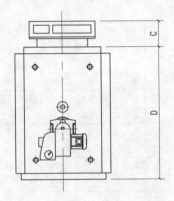

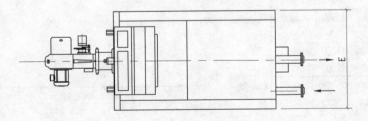

C	DN200	DN200	DN200	DN200	DN200	DN250	DN250
b	DN50	DN50	DN50	DN65	DN65	DN65	DN65
a	DN50	DN50	DN50	DN65	DN65	DN65	DN65
E	780	780	910	910	910	910	910
D	1050	1050	1198	1358	1358	1358	1358
C	206	206	206	206	206	206	206
B	233	233	137	134	134	134	134
A	1328	1328	1411	1431	1431	1916	1916
序号	110kW	125kW	150kW	175kW	220kW	250kW	280kW
尺 寸 表							

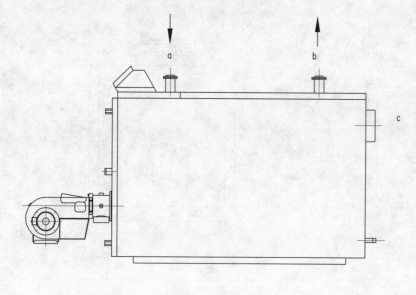

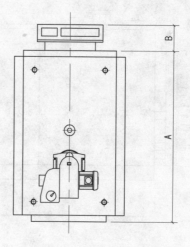

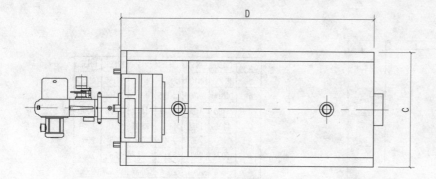

c	DN250	DN250
b	DN80	DN80
a	DN80	DN80
D	2070	2070
C	910	910
B	206	206
A	1358	1358
序号	320kW	360kW

尺 寸 表

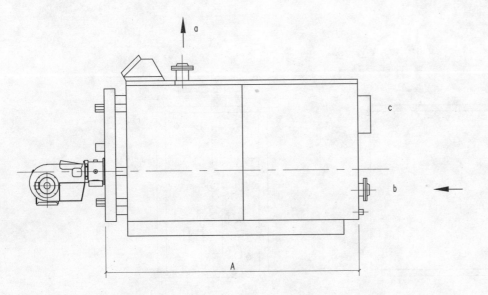

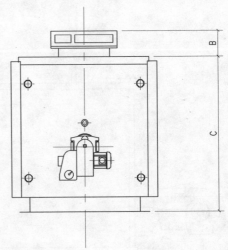

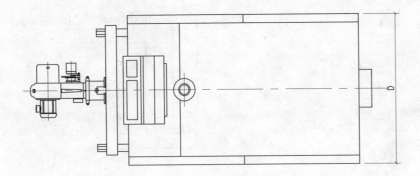

c	DN300	DN300	DN350	DN350	DN350	DN300
b	DN100	DN100	DN125	DN125	DN150	DN150
a	DN100	DN100	DN125	DN125	DN150	DN150
D	1190	1190	1310	1310	1500	1500
C	1230	1230	1350	1350	1549	1549
B	206	206	206	206	206	206
A	2074	2074	2347	2347	2632	2632
序号	530kW	610kW	720kW	870kW	1150kW	1400kW

尺　寸　表

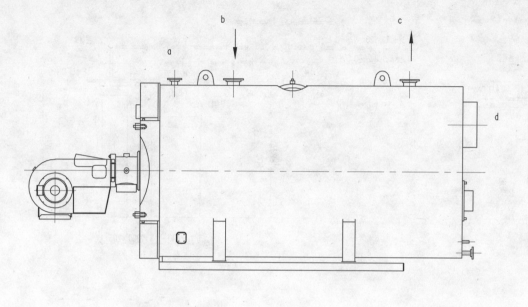

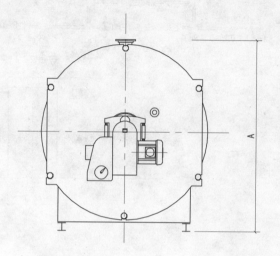

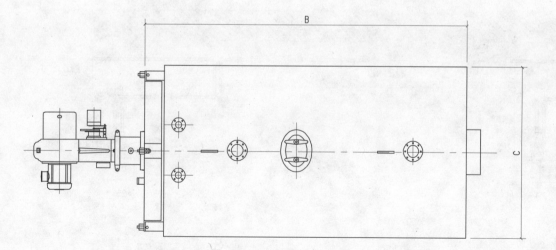

d	DN450	DN500	DN500	DN550	DN600	DN600	DN650
c	DN125	DN125	DN150	DN150	DN150	DN200	DN200
b	DN125	DN125	DN150	DN150	DN150	DN200	DN200
a	DN50	DN65	DN65	DN65	DN65	DN80	DN80
C	1700	1800	1900	1950	2000	2100	2150
B	3300	3800	4150	4450	4600	5000	5250
A	1900	2000	2100	2150	2200	2350	2350
序号	2300kW	2800kW	3500kW	4000kW	4500kW	5000kW	5500kW

尺寸表

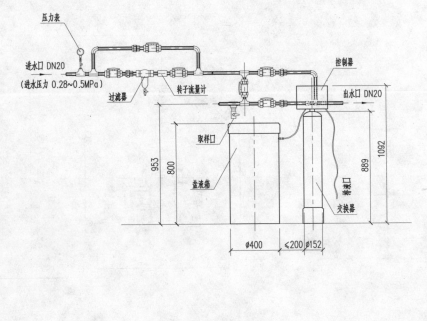

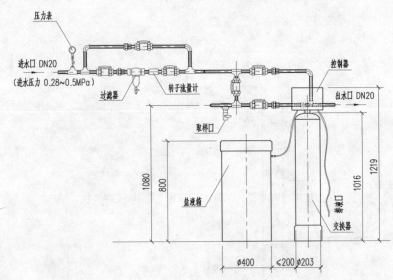

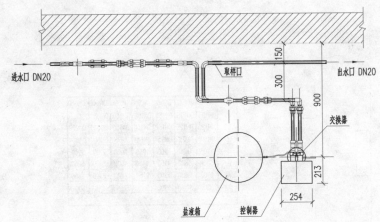

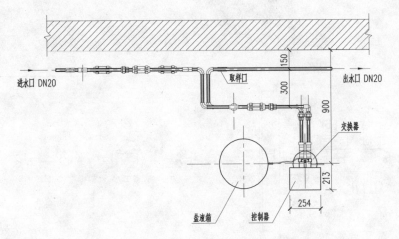

NSS1-0.5/6 全自动软化水装置

NSS1-1/8 全自动软化水装置

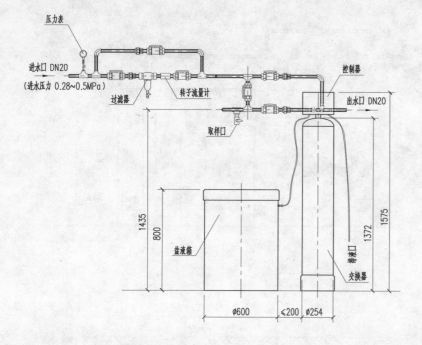

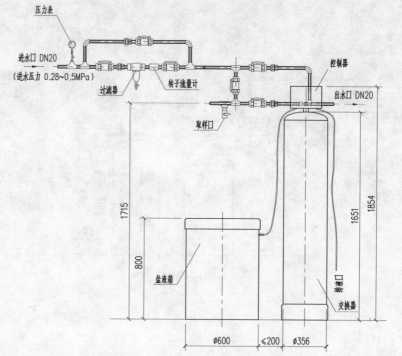

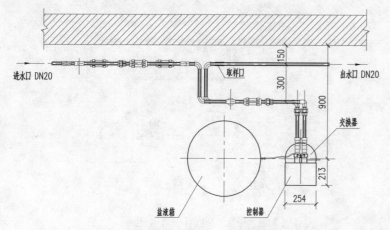

NSS1-2/10 全自动软化水装置

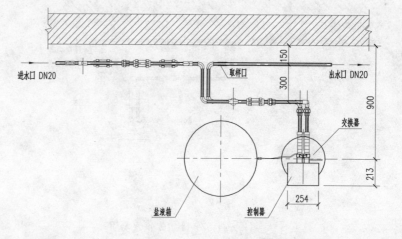

NSS1-4/14 全自动软化水装置

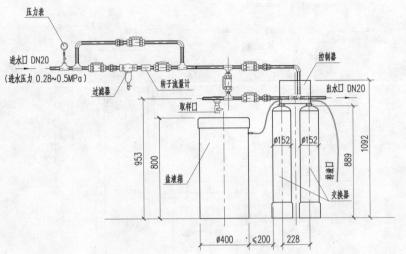

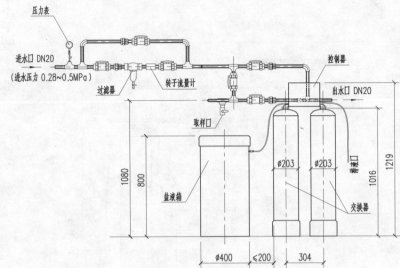

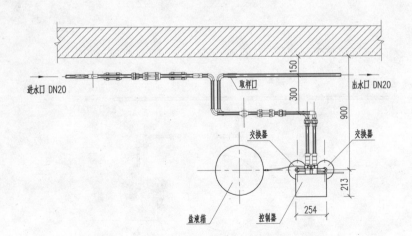

NST5-0.5/6 全自动软化水装置

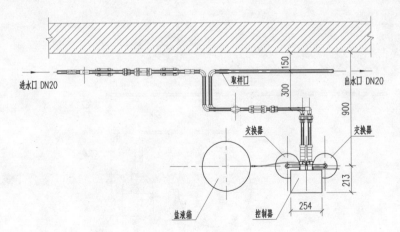

NST5-1/8 全自动软化水装置

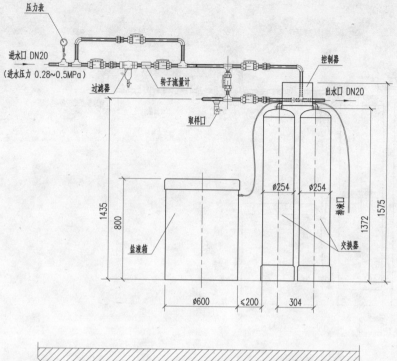

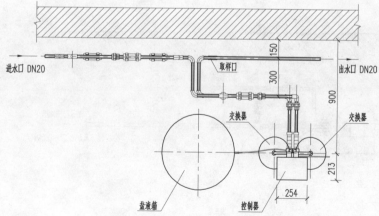

NST5-2/10 全自动软化水装置

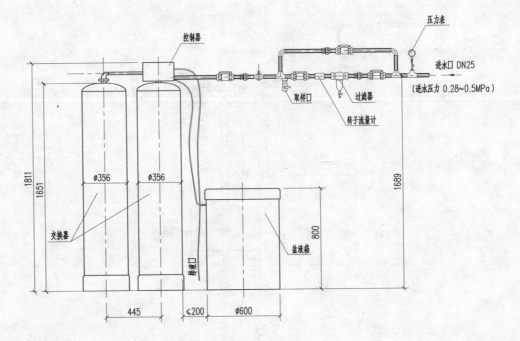

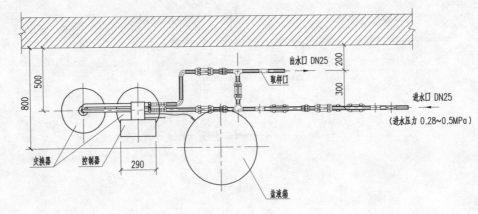

NST6-4/14 全自动软化水装置

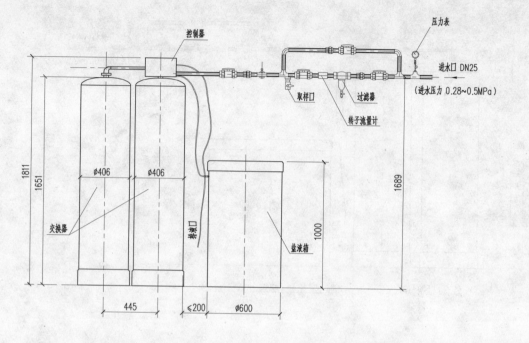

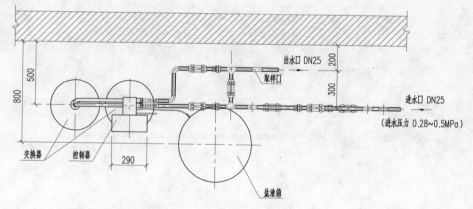

NST6-4/16 全自动软化水装置

常用设备图库

4.2 全自动软化水装置
4.2.1 尼普顿（美国）全自动软水装置

4.2.1(7)
NST7-6/18单阀双
路型外形图

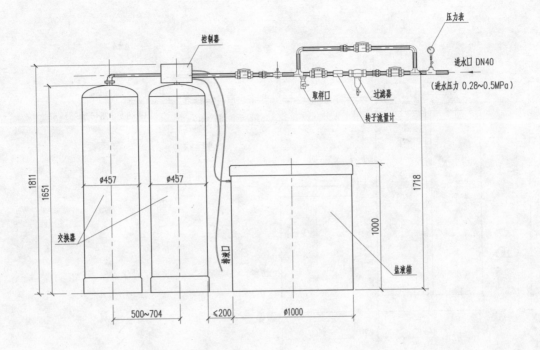

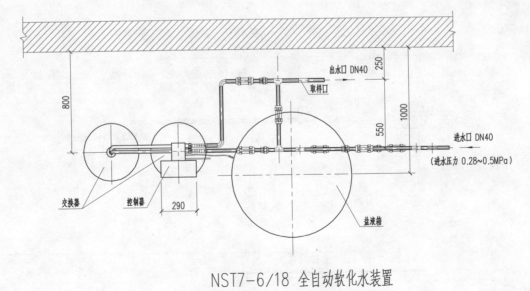

NST7-6/18 全自动软化水装置

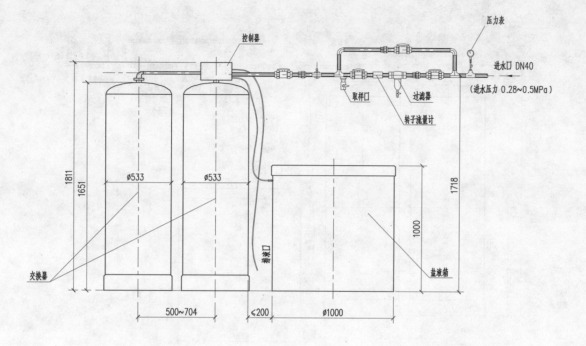

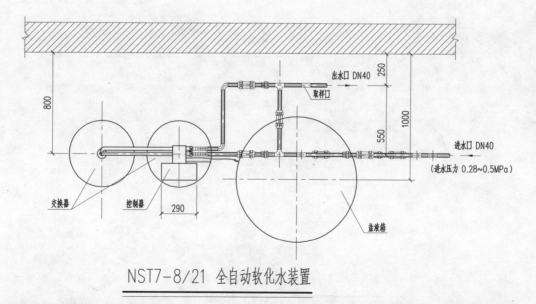

NST7-8/21 全自动软化水装置

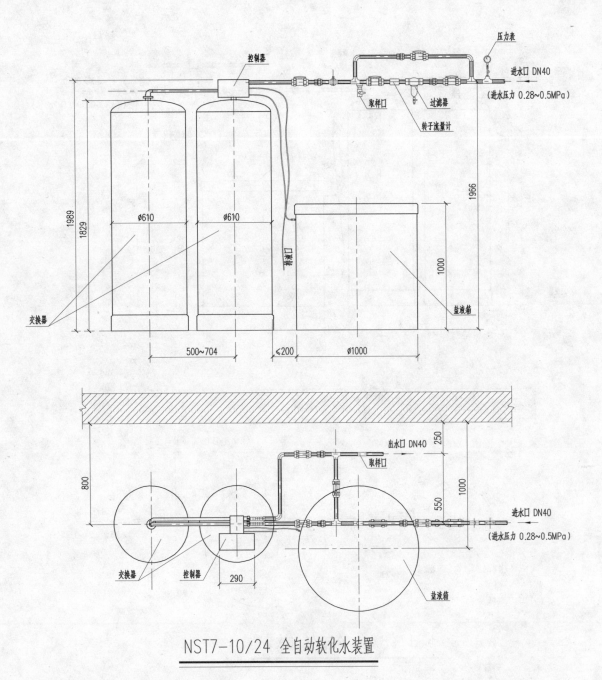

压力表

控制器

进水口 DN40

（进水压力 0.28~0.5MPa）

取样口

过滤器

转子流量计

1989

1829

1966

φ610

φ610

盐液箱

1000

交换器

500~704

≤200

φ1000

出水口 DN40

取样口

250

800

1000

550

进水口 DN40

（进水压力 0.28~0.5MPa）

交换器

控制器

290

盐液箱

NST7-10/24 全自动软化水装置

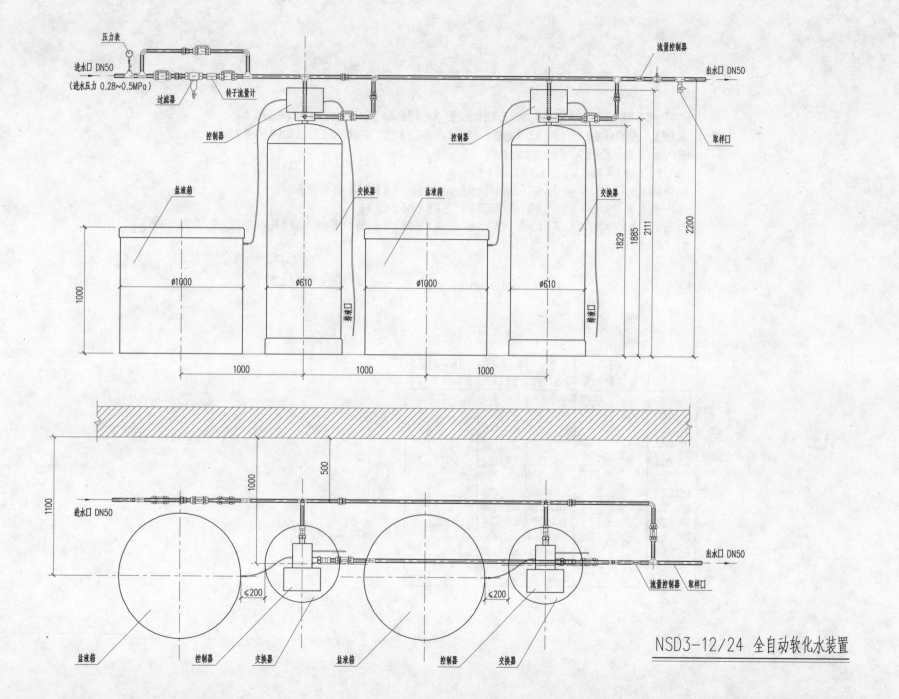

NSD3-12/24 全自动软化水装置

克雷登水处理装置是克雷登汽发生器配用的水处理的组合装置，其软水器配用进口全自动控制阀亦可为其他锅炉配套。

标准配置为：钢制公共底板上组合双联全自动软水器（含盐液罐）、自动加药装置、互为备用的锅炉给水增压泵和水处理装置电气控制箱。

用户在设计选型时，可根据锅炉房的条件和要求选择：

1、不用公共底板而将全套装置组装在锅炉房的水泥平台上；

2、将除氧热水箱也组合到钢制公共底架上，此时连同除氧热水箱一起称为水处理装置，增加了热力除氧功能；

3、受场地限制，将软水器和化学加药装置、给水增压泵及电气控制箱全部分别摆放安装；

4、已有合格软水的循环系统也可不用软水器，或选小规格的软水器作补给水，等等。总之可删减组合的克雷登水处理配置为用户提供灵活适用、合理可靠的选择。

型号	外形尺寸			重量		软水器组重		加药装置重		底板重量
	长	宽	高	自重	运行	自重	运行	自重	液重	
EFC－60			1650	1300	1740	230	470	15	100	
EFC－90				1500	2100	380	710			
EFC－120			2150	1680	2600	650	1100			
EFC－150				2000	3300	730	1220			
EFC－180	2782	1800		2400	3650	800	1960			720
EFC－210				2610	3800	1120	2060	20	200	
EFC－240				2750	3900	1160	2100			
EFC－270				2765	3910	1210	2150			
EFC－300				2800	3940	1250	2190			
EFC－450	3230	2280	2150	3000	4650	1750	3210			
EFC－600			2320	3400	5850	2220	4450			850
EFC－900	3962	2280	2320	4000	8000	3000	6800	30	500	
EFC－1200				4850	9500	3800	8000			980

软水器规格表

型号	交换能力		工作流量	压力降	接管尺寸	罐身尺寸	盐液罐L
	格令	g	m³/h	KPa	mm		
EFC - 60-1	60000	3888	3.63	69	25.4	305X1321	180
EFC - 90-1	90000	5832	4.77	103.4		356X1676	
EFC - 90-1.5	90000	5832	5.45	62	38.1		
EFC - 120-1.5	120000	7776	7.27	82.7		458X1676	200
EFC - 120-2	120000	7776	7.27	48.3	50.8		
EFC - 150-1.5	150000	9720	9.08	89.6	38.1		
EFC - 150-2	150000	9720	9.08	41.4	50.8		
EFC - 180-1.5	180000	11664	9.54	103.4	38.1		
EFC - 180-2	180000	11664	10.90	62	50.8		
EFC - 210-1.5	210000	13608	10.22	103.4	38.1	610X1676	500
EFC - 210-2	210000	13608	12.72	55.2	50.8		
EFC - 240-1.5	240000	15552	10.22	103.4	38.1		
EFC - 240-2	240000	15552	14.54	75.8	50.8		
EFC - 270-1.5	270000	17496	10.22	103.4	38.1		
EFC - 270-2	270000	17496	16.36	89.6	50.8		
EFC - 300-1.5	300000	19440	10.22		38.1		
EFC - 300-2	300000	19440	17.49		50.8		
EFC - 450-2	450000	29160	19.76	103.4	50.8	760X1676	800
EFC - 600-2	600000	38880	21.35			910X1810	1200
EFC - 600-3	600000	38880	36.35		76.2		
EFC - 900-3	900000	58320	45.43			1112X1810	
EFC - 1200-3	1200000	77760	47.71			1212X1810	2000

EFC-60和EFC-90二款软水器为玻璃钢罐，其余各款均可供钢罐和玻璃钢罐，表中所
列罐身尺寸与实际可能有出入。标配时罐内填装罗门哈斯树脂。

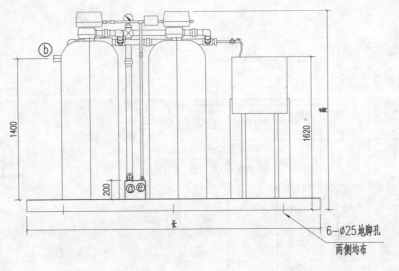

代号	名称	管口尺寸			连接型式	备注
			管口表(尺寸供参考)			
a	原水入口	见规格表			螺纹	原水
b	软水出口	见规格表			螺纹	
c	水泵入口	50	65	100	法兰	热井出口>泵口(泵选配)
d	水泵出口	50	65	100	法兰	给锅炉供水
e	软水器排污口	DN25			螺纹	
f	软水取样口	DN15				
g	化学液出口	DN15			软管	化学泵出口
h*	快速加药出口	DN20			软管	选配项

6-φ25地脚孔
两侧均布

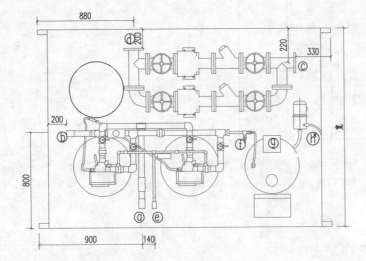

说明:

1. 本设备为Clayton锅炉专用水处理装置,具有原水软化和化学除氧等特点,原水压力应保持在0.25~0.55MPa.

2. 安装和接管时不能踩踏和强力对正,以避免造成设备损坏和泄漏.

3. 本水处理装置之软水器单罐交换能力、工作流量见规格表,电源三相四线.

4. 图中所注管口方位尺寸为EFC-300型,其他型号尺寸及地脚尺寸见各设备图纸.

5. 快速加药泵为选配项,仅用于停炉时的快速向除氧水箱(也称热井)加药.

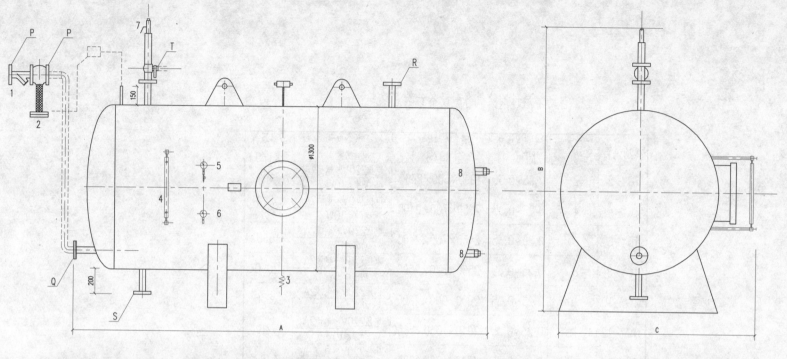

型号	出力 (m³/h)	容积 (L)	重量(盛水) (kg)	重量(空) (kg)	蒸汽需要量 (kg)	P (mm)	Q (mm)	N (mm)	S (mm)	T (mm)	A (mm)	B (mm)	C (mm)
TA-2	2	1450	1900	450	162	15/21	50/60	50/60	40/40	40/40	2250	1780	1355
TA-3	3	2050	2600	550	243	15/21	50/60	50/60	50/60	40/40	2600	1900	1435
TA-6	6	3850	4700	850	406	25/34	80/89	50/60	65/76	65/76	3400	2250	1605
TA-8	8	4950	5900	950	640	25/34	80/89	65/76	80/89	65/76	3750	2400	1720
TA-10	10	6100	7400	1300	810	32/42	100/100	65/76	100/100	80/89	3950	2600	1940
TA-12	12	7400	8000	1400	972	32/42	125/133	35/76	100/100	80/89	4200	2700	2025
TA-15	15	9100	10700	1600	1215	40/40	125/133	65/76	100/100	100/100	4550	2800	2125
TA-25	25	14400	17100	2700	2025	50/60	200/219	100/100	150/159	125/133	5150	3100	2400
TA-30	30	19400	22600	3200	2430	50/60	200/219	100/100	150/159	125/133	5300	3400	2640

1.过滤器
2.蒸汽减压阀
3.取样铜盘管
4.水位指示器
5.压力表
6.温度计
7.排气阀
8.水位开关

P为连接过滤器、减压阀
Q为除氧器蒸汽入口
R为补给水入口
S为补给水出口
T为排气阀排气口

自动常温过滤除氧各型设备参数汇总表

设备型号	产水量 m³/h	设备进水压力 MPa	设备外型尺寸 LXBXH	设备电源 配置	设备运行重量（kg）
TCY-2	2	0.25~0.35	1990×500×2300	电压220V；电流2A 功率≤10W	710
TCY-4	4	0.25~0.35	2250×700×2400	电压220V；电流2A 功率≤10W	1220
TCY-6	6	0.25~0.35	2450×700×2400	电压220V；电流2A 功率≤10W	1660
TCY-8	8	0.25~0.35	2550×870×2500	电压220V；电流2A 功率≤10W	2050
TCY-10	10	0.25~0.35	2900×900×2600	电压220V；电流2A 功率≤10W	2830
TCY-12	12	0.25~0.35	2940×1050×2650	电压220V；电流2A 功率≤10W	3210
TCY-15	15	0.25~0.35	3300×1260×2850	电压220V；电流2A 功率≤10W	4790
TCY-20	20	0.25~0.35	4900×1020×2600	电压220V；电流2A 功率≤10W	6300
TCY-25	25	0.25~0.35	5300×1250×2900	电压220V；电流2A 功率≤10W	7380
TCY-30	30	0.25~0.35	5880×1450×3200	电压220V；电流2A 功率≤10W	8780
TCY-40	40	0.25~0.35	7250×1400×3100	电压220V；电流2A 功率≤10W	11020
TCY-50	50	0.25~0.35	7800×1500×3200	电压220V；电流2A 功率≤10W	13790
TCY-60	60	0.25~0.35	8500×1600×3300	电压220V；电流2A 功率≤10W	16980

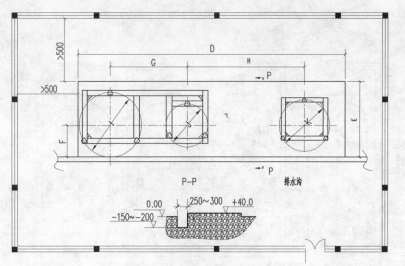

除氧设备基础及相关尺寸

	A	B	C	D	E	F	G	H	I	J	K
TY-2	500	1990	2300	2190	600	250	630	960	φ350	φ300	φ350
TY-4	700	2250	2400	2450	700	300	710	1050	φ500	φ350	φ350
TY-6	700	2450	2400	2650	750	300	800	1100	φ650	φ450	φ450
TY-8	870	2550	2500	2750	850	350	850	1100	φ650	φ450	φ450
TY-10	900	2900	2600	3100	950	400	1000	1200	φ750	φ550	φ500
TY-12	1050	2940	2650	3140	1000		1040	1230	φ800	φ600	φ450
TY-15	1260	3300	2850	3500	1150	500	1150	1350	φ950	φ750	φ550

说明：

1. 本图为除氧系统和盐液系统共用一个基础时的基础图相关尺寸，如果受现场条件的限制除氧设备除铁系统和除氧系统需分开放置，系统基础图则需根据现场另外提供。

2. 设备必须设有排水沟或排水管道，排水沟和排水管道的位置和尺寸可参考本图，也可根据现场或设备安装位置的实际情况灵活来布局。由于排水沟设在设备正面，为了便于设备的操作，排水沟做好后除排废口外，其余建议用水泥板或钢板盖好。

3. 设备基础平面混凝土强度等级为C20以上。

4. 该设备基础图及表格中所提供的尺寸为不锈钢设备的基础尺寸，碳钢设备的基础图尺寸请参考本基础图同型号所提供的尺寸。

5. 设备应居中放置在基础之上，设备框架与基础的连接采用膨胀螺栓固定，膨胀螺栓的大小和设备框架的螺栓孔相匹配。

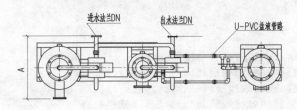

除氧设备外形图及相关尺寸

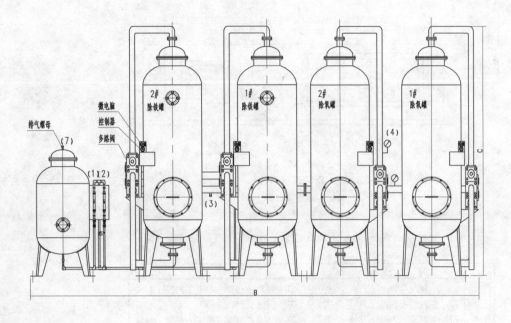

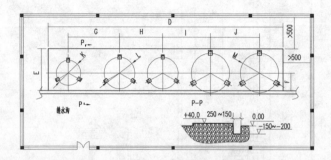

除氧设备基础图及相关尺寸

	A	B	C	D	E	F	G	H	I	J	K	L	M
TY-20	1020	4900	2600	5100	950	400	1260	920	750	1050	ϕ550	ϕ600	ϕ750
TY-25	1020	5300	2900	5500	1050	450	1320	990	850	1170	ϕ550	ϕ650	ϕ850
TY-30	1450	5880	3200	6080	1150	500	1450	1100	950	1300	ϕ650	ϕ750	ϕ950

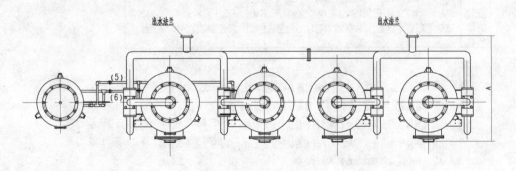

除氧设备外形图及相关尺寸

说明:

1. 本图为除氧系统和盐液系统共用一个基础时的基础图相关尺寸, 如果受现场条件的限制除氧设备除铁系统和除氧系统需分开放置, 系统基础图则需根据现场外另外提供.

2. 设备必须设有排水沟或排水管道, 排水沟和排水管道的位置和尺寸可参考本图, 也可根据现场或设备安装位置的实际情况灵活来布局. 由于排水沟设在设备正面, 为了便于设备的操作, 排水沟做好后排废口外, 其余建议用水泥板或钢板盖好.

3. 设备基础平面混凝土强度等级为C20以上.

4. 该设备基础图及表格中所提供的尺寸为不锈钢设备的基础尺寸, 碳钢设备的基础图尺寸请参考本基础图同型号所提供的尺寸.

5. 设备三条腿支撑与基础的连接采用膨胀螺栓固定, 膨胀螺栓的大小和设备三条腿支撑的螺栓孔相匹配.

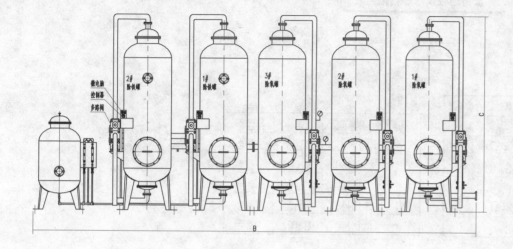
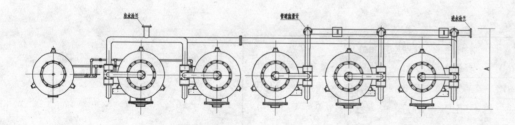

除氧设备外形图及相关尺寸

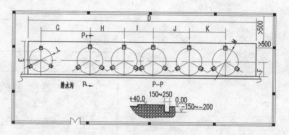

除氧设备基础图及相关尺寸

	A	B	C	D	E	F	G	H	I	J	K	L	M
TY-40	1400	7250	3100	7450	1050	450	1600	1120	950	1180	1180	Ø750	Ø850
TY-50	1500	7800	3200	8000	1150	500	1700	1320	1050	1280	1280	Ø850	Ø950
TY-60	1600	8500	3300	8700	1250	550	1800	1420	1150	1400	1400	Ø950	Ø1050

说明：
1.本图为除氧系统和盐液系统共用一个基础时的基础图及相关尺寸，如果受现场条件的限制除氧设备除铁系统和除氧系统需分开放置，系统基础图则需根据现场另外提供.
2.设备必须设有排水沟或排水管道，排水沟和排水管道的位置和尺寸可参考本图，也可根据现场或设备安装位置的实际情况灵活来布局。由于排水沟设在设备正面，为了便于设备的操作，排水沟做好后除排废门外，其余建议用水泥板或钢板盖好.
3.该设备基础平面混凝土强度等级为C20以上.
4.该设备基础图及表格中所提供的尺寸为不锈钢设备的基础尺寸，碳钢设备的基础图尺寸请参考本基础图同型号所提供的尺寸.
5.设备三条腿支撑与基础的连接采用膨胀螺栓固定，膨胀螺栓的大小和设备三条腿支撑的螺栓孔相匹配.

单层储油罐技术参数汇总表

组件名称

序号	名称	材料	数量
1	封头	Q235-A	2
2	筒体	Q235-A	1
3	人孔	机件	1
4	人孔保护壳	组件	1
5	托板	Q235-A	3
6	固定圈	组件	

接口管径

序号	公称直径	名称	接口型号
a	DN100	液位计	法兰
b	DN50	通气管	法兰
c	DN80	进油管	法兰
d	DN40	出油管	法兰
e	DN40	回油管	法兰

技术参数

型号	公称容积 (m³)	设计容积 (m³)	满油荷重 (kg)	结构尺寸 (mm) D	L	基座 数量n	间距L (mm)
YX-6	6	6.40	7500	1600	3462	2	2200
YX-8	8	8.01	9310	1600	4262	2	3200
YX-10	10	10.02	11570	1600	5262	2	3200
YX-15	15	15.14	17040	2000	5162	2	3200
YX-20	20	20.10	22450	2000	6742	2	4800
YX-25	25	25.12	28470	2400	5966	2	3700
YX-30	30	30.10	33300	2400	7066	3	4800
YX-30	30	30.34	33540	2600	6166	2	3800
YX-50	50	50.52	55170	2600	9966	3	8000

常用设备图库

4.4　储油罐
4.4.1　莱孚公司单层卧式储油罐

4.4.1(2)

6~50m³单层
储油罐外形图

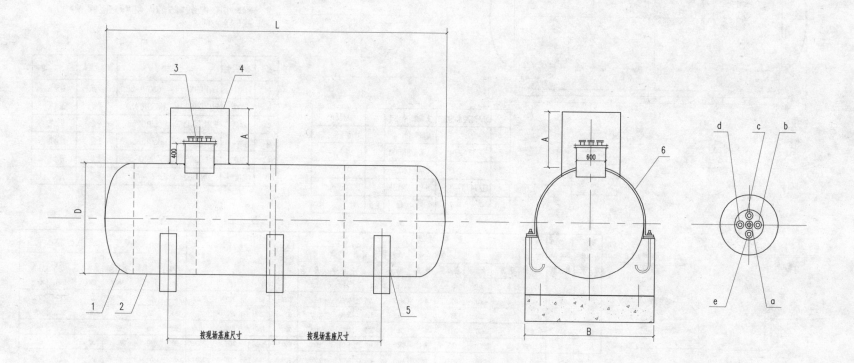

6~50m³单层储油罐外形图

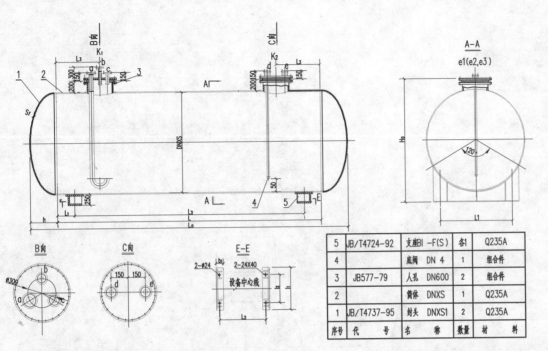

技术要求:

1. 本设备按JB/T4735-1997钢制焊接常压容器进行制造、试验和验收.
2. 焊接采用电弧焊,焊条选用E4303.
3. 焊接接头型式及尺寸除图中注明外,按GB985-88,GB986-88中规定,法兰的焊接按相应法兰标准.
4. 设备制造完毕后要进行盛水试验.
5. 管口方位按本图.

注:公称直径DN2000以上的油罐设置内扶梯,内扶梯设置于K2孔处,内扶梯的做法按CR314-8.

接 口 表

符号	公称尺寸	连接法兰标准		连接面形式	用 途
a	DN1	PN1.0DN1	HG5010-58	平面	进油孔
b	DN2	PN1.0DN2	HG5010-58	平面	透气孔
c	DN3	PN1.0DN3	HG5010-58	平面	量油孔
d	DN4	PN1.0DN4	HG5010-58	平面	吸油孔
e	DN5	PN1.0DN5	HG5010-58	平面	回油孔
k1-2	600	DN 600	JB577-79	平面	人孔

5	JB/T4724-92	支座BI-F(S)	各1	Q235A
4		底阀 DN4	1	组合件
3	JB577-79	人孔 DN600	2	组合件
2		筒体 DNXS	1	Q235A
1	JB/T4737-95	封头 DNXS1	2	Q235A
序号	代号	名称	数量	材料

技术特性表

名 称		内 容
设计压力	MPa	常压
设计温度	℃	常温
操作压力	MPa	常压
操作温度	℃	常温
物料名称	m	轻油
全容积	m³	
腐蚀裕度	mm	1.5

接管与人孔法兰盖焊接图　不按比例

A,B类焊缝焊接节点　不按比例

容积 m³		公称直径	筒体			封头	支座位置		贮罐		人孔方位尺寸	支座底板尺寸			管口尺寸					
公称容积	全容积		壁厚	长度	高度	壁厚			总长	总高					进油口	透气孔	量油孔	吸油孔	回油孔	人孔
VN	V	DN	S	L	h	S1	L2	L1	L0	H0	L3	l1	l2	b1	DN1	DN2	DN3	DN4	DN5	K1-2
5	5.03	1200	6	4000	331	6	3450	275	4662	1962	800	880	720	170	80	50	70	32	32	600
	5.11	1400	6	2800	381	6	2150	325	3562	2162	800	1000	840	170	80	50	70	32	32	600
6	6.03	1400	6	3400	383	6	2750	325	4162	2162	800	1280	840	170	80	50	70	32	32	600
10	10.38	1800	6	3400	483	8	2580	410	4366	2566	800	1280	1120	220	80	50	70	32	32	600
15	15.14	1800	6	5300	483	8	4480	410	6266	2566	900	1280	1120	220	80	50	70	32	32	600
20	20.57	2000	8	5800	533	8	4880	460	6866	2766	900	1420	1260	220	80	50	80	40	40	600
	20.58	2200	10	4600	600	10	3580	510	5800	2970	900	1580	1380	240	80	50	80	40	40	600
25	25.70	2400	10	4800	650	10	3680	560	6100	3170	1000	1720	1520	240	80	50	80	40	40	600
32	32.03	2400	10	6200	650	10	5080	560	7500	3170	1000	1720	1520	240	80	50	80	50	50	600
40	40.07	2600	8	6600	700	10	5380	610	8000	3370	1000	1880	1640	300	80	50	80	50	50	600
	40.1	2800	8	5500	700	10	4180	660	7000	3570	1000	2040	1800	300	80	50	80	50	50	600
50	50.57	2800	8	7200	750	10	5880	660	8700	3570	1000	2040	1800	300	80	50	80	50	50	600
	50.28	3200	10	5100	850	10	3580	760	6800	3970	1000	2340	2100	360	80	50	80	50	50	600
63	64.12	2800	10	9400	750	10	8080	660	10900	3570	1000	2040	1800	300	80	50	80	70	70	600
	63.16	3200	10	6700	850	10	5180	760	8404	3970	1000	2340	2100	360	80	50	80	70	70	600
80	79.73	3000	10	10200	800	10	8780	710	11808	3770	1000	2180	1940	360	80	50	80	70	70	600
	81.66	3200	10	9000	850	10	7480	760	10708	3970	1000	2340	2100	360	80	50	80	70	70	600

双层储油罐技术参数汇总表

组件名称

序号	名称	材料	数量
1	外封头	Q235-A	2
2	内封头	Q235-A	2
3	外筒体	Q235-A	1
4	人孔	机件	1
5	内筒体	Q235-A	1
6	支撑环	组件	5
7	托板	Q235-A	3
8	人孔保护壳	组件	1
9	充气层	惰性气体	
10	泄漏报警	组件	1
11	固定圈	组件	

接口管径

序号	公称直径	名称	接口型号
a	DN100	液位计	法兰
b	DN50	通气管	法兰
c	DN80	进油管	法兰
d	DN40	出油管	法兰
e	DN40	回油管	法兰

技术参数

型号	公称容积（m³）	设计容积（m³）	满油荷重（kg）	结构尺寸（mm）		基座	
				D	L	数量n	间距L（mm）
YXD-6	6	6.40	12750	1800	3462	2	2200
YXD-8	8	8.01	15827	1800	4262	2	3200
YXD-10	10	10.02	19669	1800	5262	2	3200
YXD-15	15	15.14	28968	2200	5162	2	3200
YXD-20	20	20.10	38165	2200	6742	2	4800
YXD-25	25	25.12	48399	2600	5966	2	3700
YXD-30	30	30.10	56610	2600	7066	3	4800
YXD-30	30	30.34	57018	2800	6166	2	3800
YXD-50	50	50.52	93789	2800	9966	3	8000

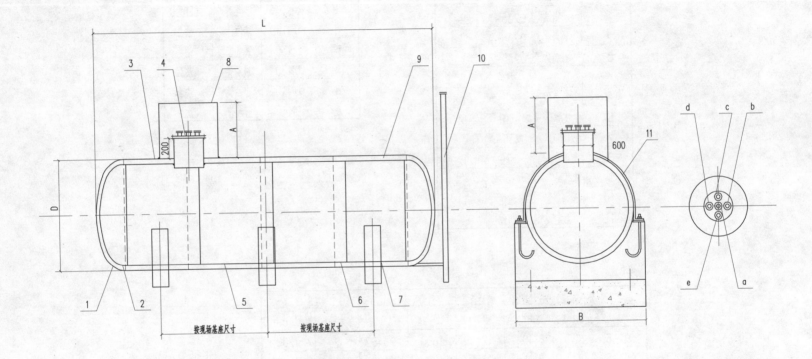

6~50m³双层储油罐外形图

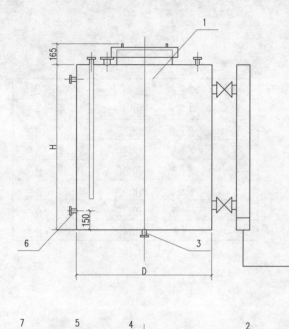

组件名称

序号	接管用途	公称直径（mm）	接口型号
1	人孔	DN450	法兰
2	回油管	DN32	法兰
3	排油管	DN40	法兰
4	通气管	DN50	法兰
5	进油管	DN32	法兰
6	出油管	DN32	法兰
7	溢油管	DN40	法兰

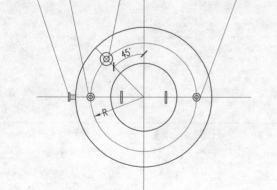

圆形日用油箱外形接管图

接口参数

型号	有效容积（m³）	设计容积（m³）	荷重（kg）	外形尺寸（mm）			
				D	D₁	H	R
RYY-1	1	1.24	1650	1110	1130	1310	430
RYY-2	2	2.15	2400	1410	1430	1560	580

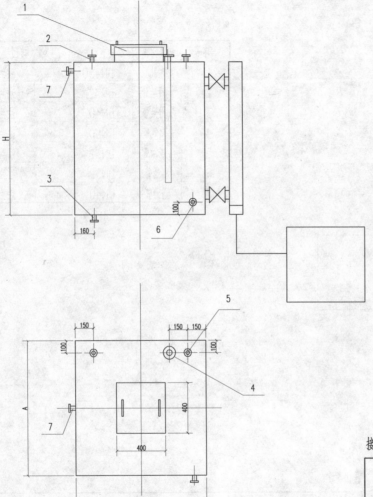

组件名称

序号	接管用途	公称直径（mm）	接口型号
1	人孔	400×400	法兰
2	回油管	DN32	法兰
3	排油管	DN40	法兰
4	通气管	DN50	法兰
5	进油管	DN32	法兰
6	出油管	DN32	法兰
7	溢油管	DN40	法兰

接口参数

型号	有效容积（m³）	设计容积（m³）	荷重（kg）	外形尺寸（mm）		
				A	B	H
RYF-1	1	1.22	1700	1070	1070	1210
RYF-2	2	2.35	2600	1420	1420	1310

方形日用油箱外形接管图

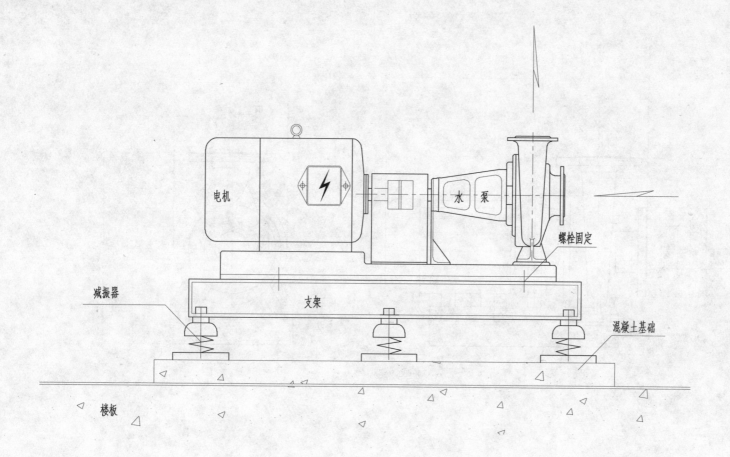

电机

水 泵

螺栓固定

减振器

支架

混凝土基础

楼板

水泵安装示意图

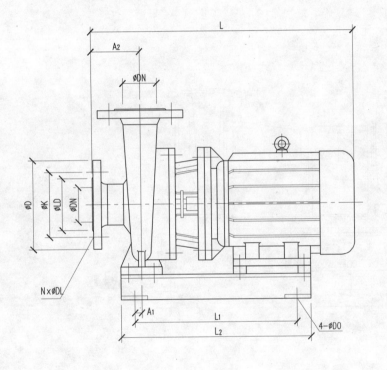

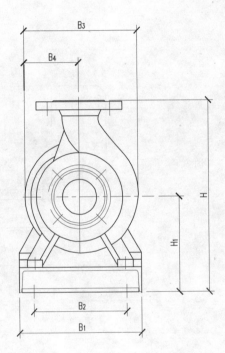

卧式水泵（二）

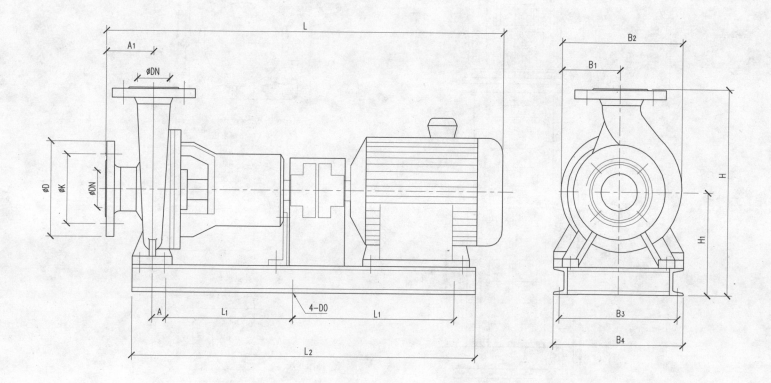

卧式水泵（三）

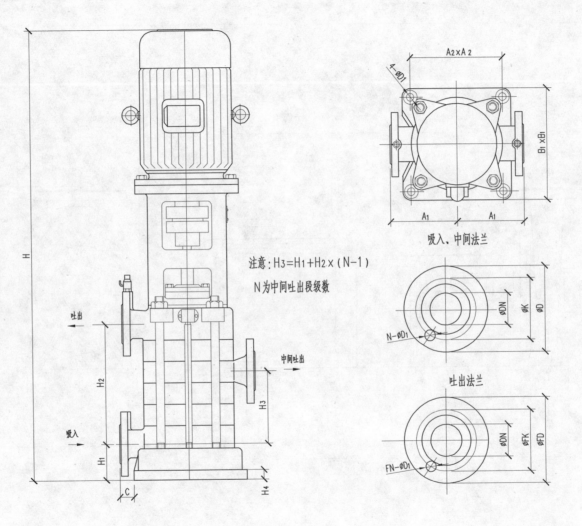

注意：$H_3 = H_1 + H_2 \times (N-1)$

N为中间吐出段级数

吐出

中间吐出

吸入

吸入、中间法兰

吐出法兰

立式离心泵（一）

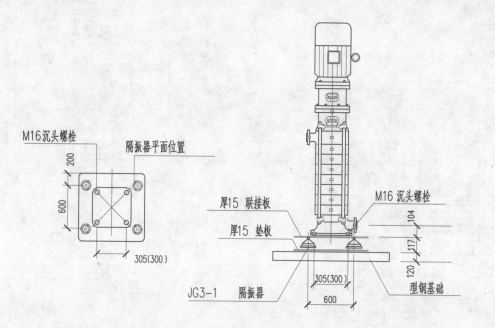

M16沉头螺栓

隔振器平面位置

200

600

305(300)

厚15　联接板

厚15　垫板

M16　沉头螺栓

104

117

120

JG3-1　隔振器

305(300)

600

型钢基础

平面图　　　　　　　　　　外形图

（300）为40DL辅助泵的数据

立式离心泵（二）

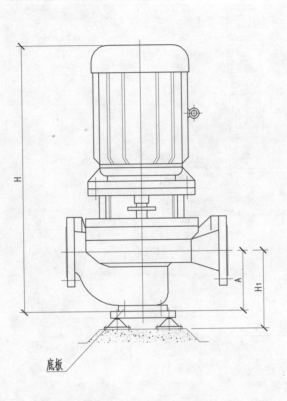

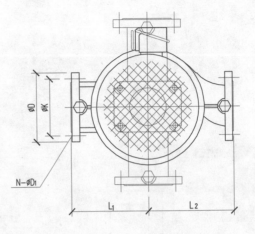

底板尺寸

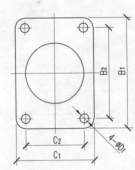

管道水泵（一）

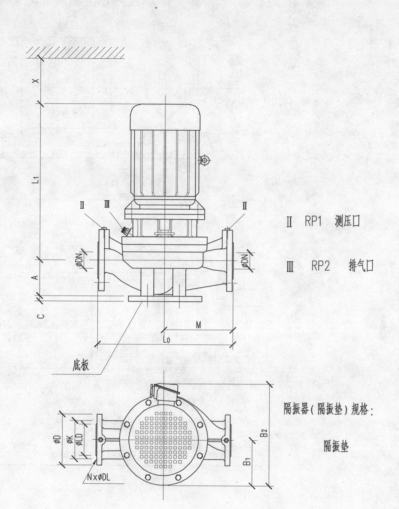

Ⅱ RP1　测压口

Ⅲ RP2　排气口

底板

隔振器（隔振垫）规格：

隔振垫

底板尺寸

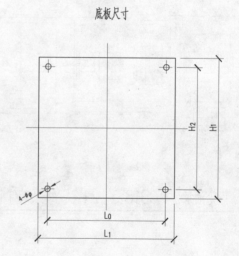

管道水泵（二）

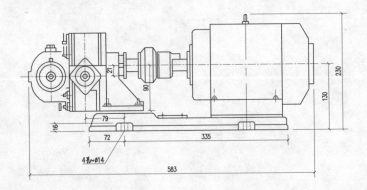

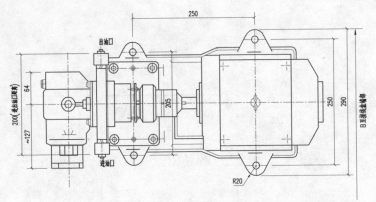

齿轮油泵 KCB18.3-2（2CY-1.1/14.5-2）

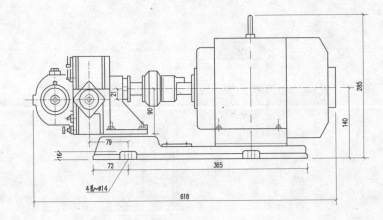

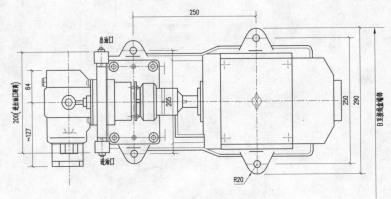

齿轮油泵 KCB33.3-2（2CY-2/14.5-2）

齿轮油泵主要性能规格参数表

型号	吸入及排出管口径（mm）	排出流量（L/min）	排出压力（MPa）	吸入高度（m）	容积效率 %	配三相异步电动机		
						功率（kW）	型号	转速（同步）(r/min)
KCB-18.3（2CY-1.1/14.5-2）	19	18.3	1.45	5	≥85	1.5	Y90L1-4	1500
KCB-33.3（2CY-2/14.5-2）	19	33.3	1.45	5	≥85	2.2	Y100L2-4	1500

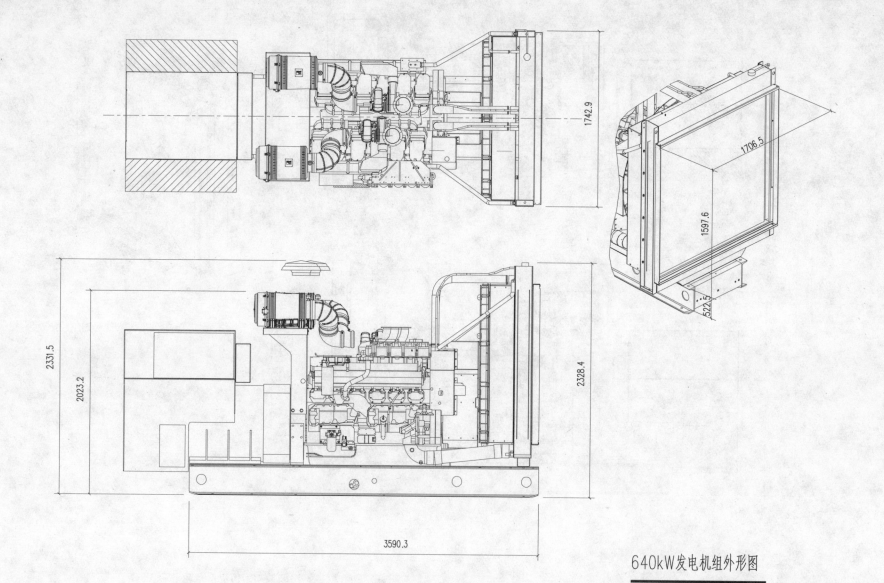

640kW发电机组外形图

4.7.1(1) 发电机组外形图（二）

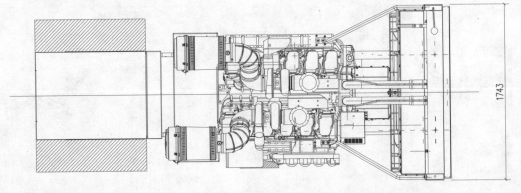

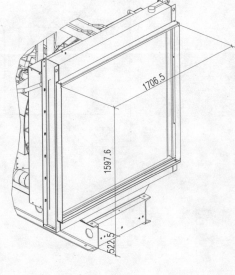

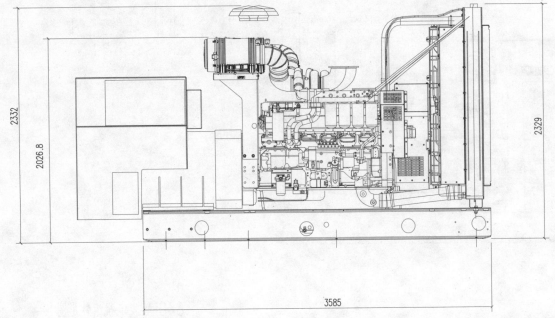

830kW发电机组外形图

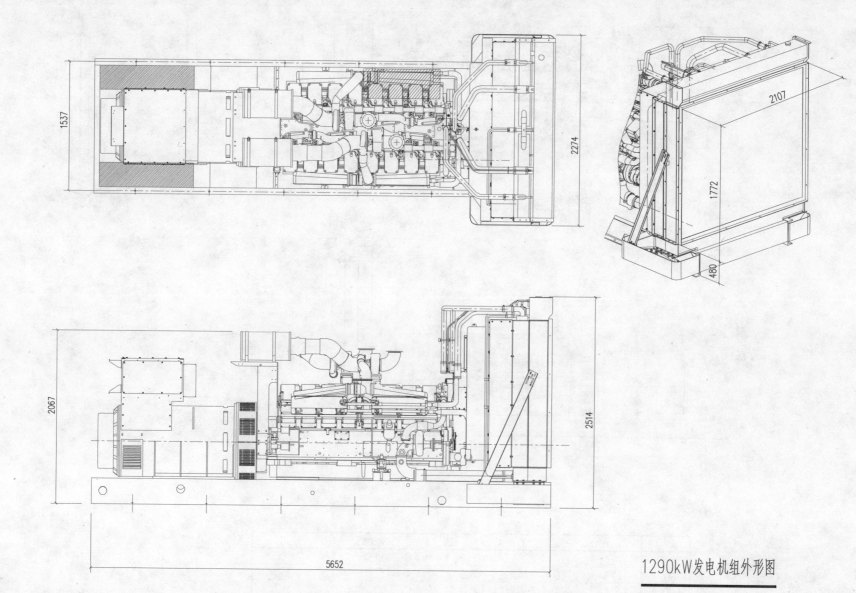

1290kW发电机组外形图

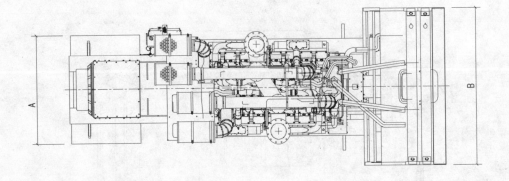

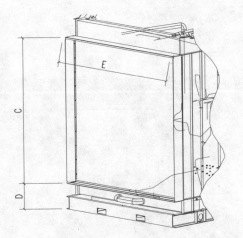

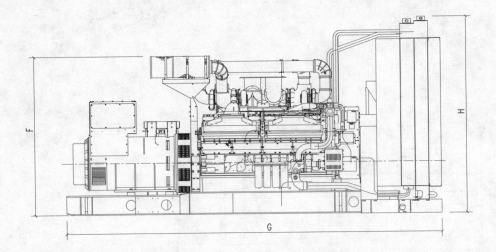

	A	B	C	D	E	F	G	H
1650kW	1724	2494	2363.0	406.5	2494.0	2513	6174	3115
1760kW	1724	2286	2047.8	406.5	2274.4	2513	6174	2537
2000kW	1724	2494	2363.0	406.5	2494.0	2513	6174	3115

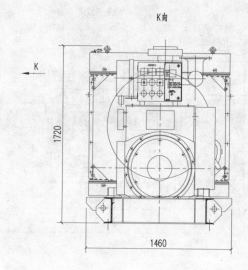

K向

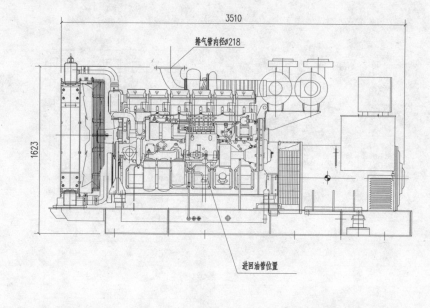

排气管内径Ø218

1623

3510

进回油管位置

1720

1460

电缆线出口
S7S-1250

1460

1100

3635

技术要求：

机组整机技术条件应符合国家标准GB2820-1997《往复式内燃机驱动的交流发电机组》
和企业标准Q/TOT001-2003《K系列柴油发电机组》的要求。

KM750E型（600kW）	4885	4979	3635×1460×1720
KM660E型（528kW）	4525	4619	3635×1460×1720
	净重	毛量	长×宽×高
	重量(kg)		外形尺寸(mm×mm×mm)

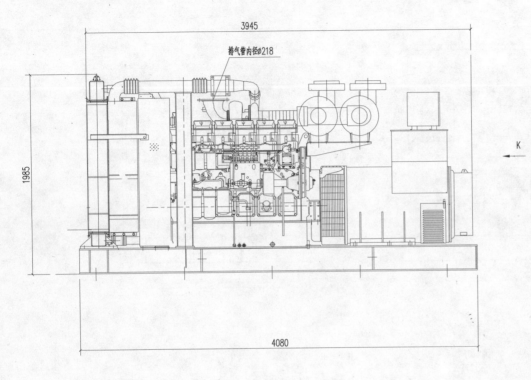

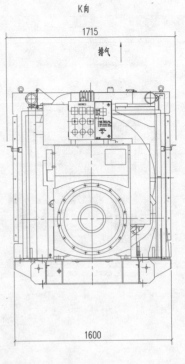

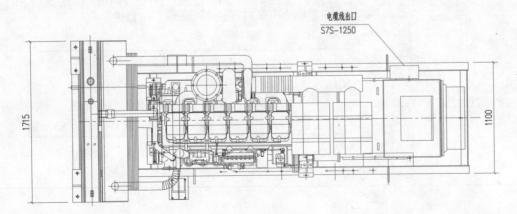

排气管内径∅218

K向
1715
排气
1600

3945
1985
4080

电缆线出口
S7S-1250

1715
1100

技术要求：

机组整机技术条件应符合国家标准GB2820-1997《往复式内燃机驱动的交流发电机组》和企业标准Q/TOT001-2003《K系列柴油发电机组》的要求。

5386	5480	4080×1715×1985
净重	毛量	长×宽×高
重量(kg)		外形尺寸(mm×mm×mm)

KM825E型发电机组外形图（660kW）

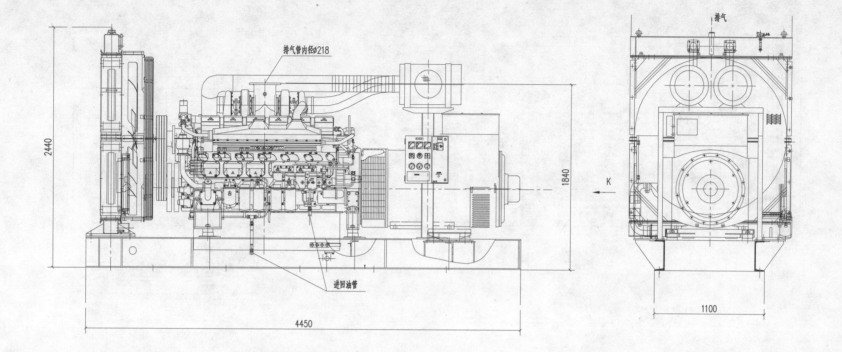

排气管内径ϕ218

2440

1840

K

4450

进回油管

排气

1100

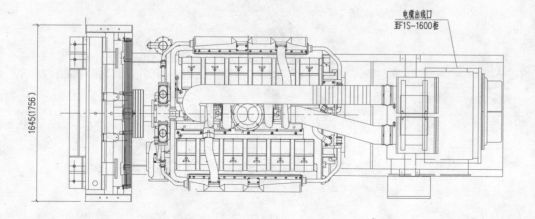

电缆出线口
至F1S-1600柜

1645(1756)

技术要求：

机组整机技术条件应符合国家标准GB2820-1997《往复式内燃机驱动的交流发电机组》和企业标准Q/TOT001-2003《K系列柴油发电机组》的要求。

KM1160E型（928kW）	8076	8276	4450×1756×2440
KM1000E型（800kW）	7669	7869	4450×1645×2440
	净重	毛量	长×宽×高
	重量(kg)		外形尺寸（mm×mm×mm）

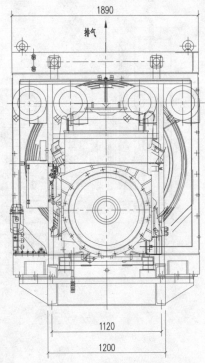

K向

排气

1890

1120

1200

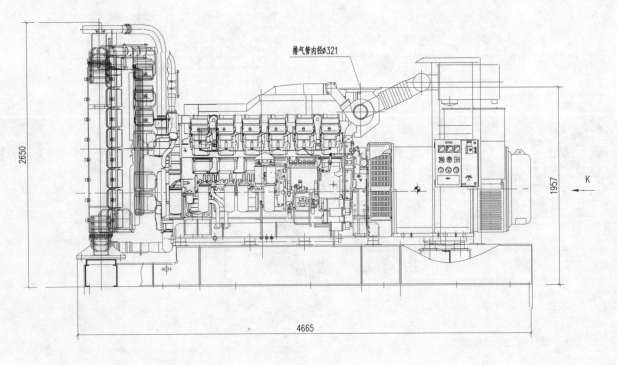

排气管内径∅321

2650

1957

K

4665

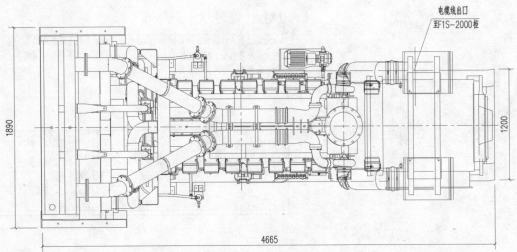

电缆线出口
至F1S-2000柜

1890

1200

4665

技术要求：
机组整机技术条件应符合国家标准GB2820-1997《往复式内燃机驱动的交流发电机组》和企业标准Q/TOT001-2003《K系列柴油发电机组》的要求。

9820	10000	4665×1890×2650
净重	毛量	长×宽×高
重量(kg)		外形尺寸(mm×mm×mm)

KM1425E型发电机组外形图（1140kW）

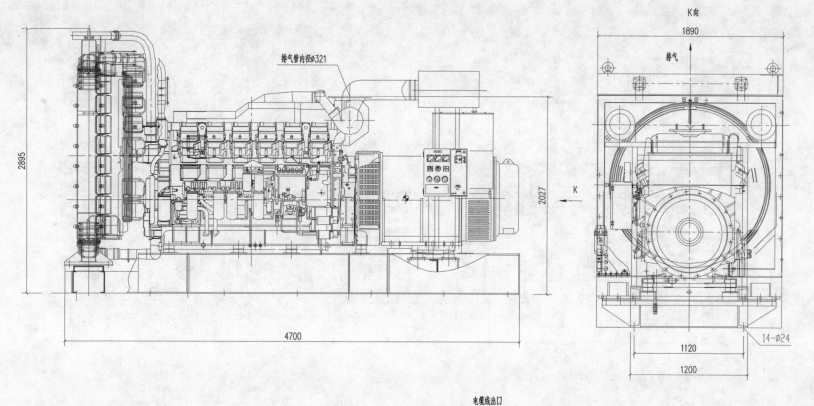

技术要求：
机组整机技术条件应符合国家标准GB2820-1997《往复式内燃机驱动的交流发电机组》和企业标准Q/TOT001-2003《K系列柴油发电机组》的要求。

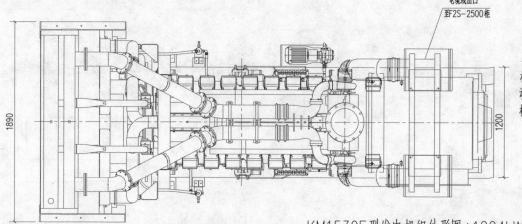

11670	11850	4700×1890×2895
净重	毛量	长×宽×高
重量(kg)		外形尺寸(mm×mm×mm)

KM1530E型发电机组外形图（1224kW）

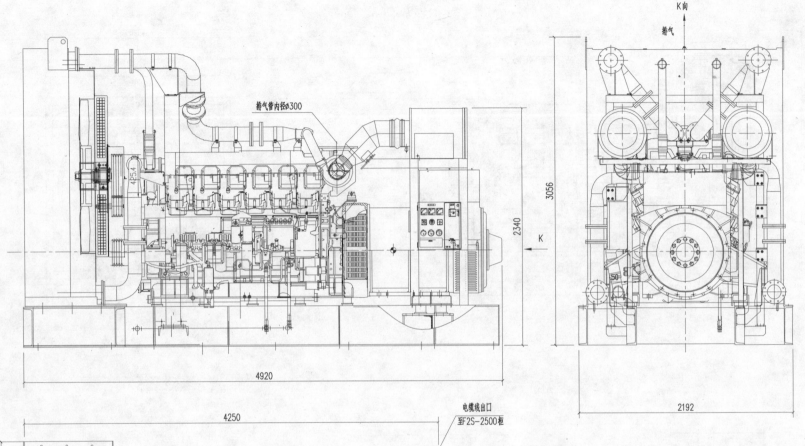

排气管内径∅300

K向

排气

3056

2340

K

4920

2192

4250

2192

电缆线出口
至F2S-2500柜

技术要求:
机组整机技术条件应符合国家标准GB2820-1997《往复式内燃机驱
动的交流发电机组》和企业标准Q/TOT001-2003《K系列柴油发电
机组》的要求。

12800	12980	4920×2192×3056
净重	毛量	长×宽×高
重量(kg)		外形尺寸(mm×mm×mm)

KM1650E型发电机组外形图(1320kW)

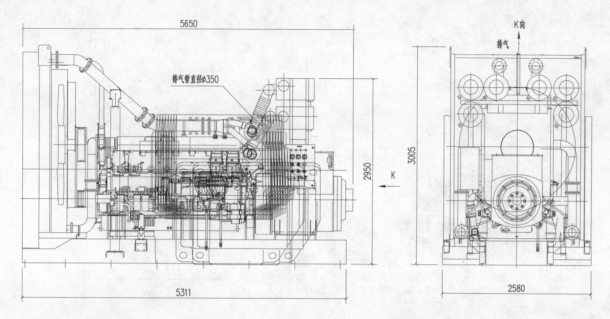

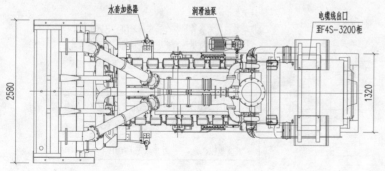

技术要求：

机组整机技术条件应符合国家标准GB2820-1997《往复式内燃机驱动的交流发电机组》和企业标准Q/TOT001-2003《K系列柴油发电机组》的要求。

	重量(kg)		外形尺寸(mm×mm×mm)
	净重	毛量	长×宽×高
KM2100E型(1680kW)	14400	14630	5650×2580×3005
KM1900E型(1520kW)	13000	13230	5650×2580×3005

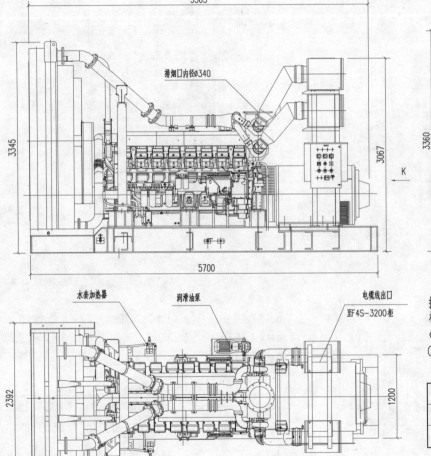

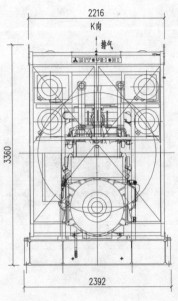

排烟口内径Ø340

5565

3345

3067

K

5700

2216

K向

排气

3360

2392

水套加热器

润滑油泵

电缆线出口

至F4S-3200柜

2392

1200

技术要求：
机组整机技术条件应符合国家标准GB2820-1997
《往复式内燃机驱动的交流发电机组》和企业标准
Q/TOT001-2003《K系列柴油发电机组》的要求。

16000	16230	5700×2392×3345
净重	毛量	长×宽×高
重量(kg)		外形尺寸(mm×mm×mm)

KM2250E型发电机组外形图（1800kW）

喷油螺杆空气压缩机型号及规格汇总表

型号	排气压力 [MPa(G)]	容积流量 (m³/min)	主电机名义功率 (kW)	电源 (V/P/Hz)	冷却方式	外形尺寸(L×W×H) (mm)	质量 (kg)
UP-5-15-7	0.75	2.41	15	380/3/50	风冷	1315x920x1050	509
UP-5-15-8	0.85	2.36					
UP-5-15-10	1.0	2.07					
UP-5-15-14	1.4	1.61					
UP-5-18-7	0.75	3.0	18.5	380/3/50	风冷	1315x920x1050	532
UP-5-18-8	0.85	2.87					
UP-5-18-10	1.0	2.61					
UP-5-18-14	1.4	2.01					
UP-5-22-7	0.75	3.54	22	380/3/50	风冷	1315x920x1050	540
UP-5-22-8	0.85	3.34					
UP-5-22-10	1.0	3.11					
UP-5-22-14	1.4	2.32					
UP-5-30-7	0.75	5.6	30	380/3/50	风冷	1712x1379x1344	1028
UP-5-30-8	0.85	5.0					
UP-5-30-10	1.0	4.7					
UP-5-30-14	1.4	3.9					
ML-37-PE	0.75	6.2	37	380/3/50	风冷	1712x1379x1344	1064
MM-37-PE	0.85	6.0					
MH-37-PE	1.0	5.7					
MXU-37-PE	1.4	4.8					
ML-45	0.75	7.4	45	380/3/50	风冷 或 水冷	1605x689x1696	953
MM-45	0.85	7.1					
MH-45	1.0	6.5					
ML-55	0.75	10.1	55	380/3/50	风冷 或 水冷	1605x689x1696	1270
MM-55	0.85	9.1					
MH-55	1.0	8.3					
MJ-55	1.4	7.6					
ML-75	0.75	13.0	75	380/3/50	风冷 或 水冷	1605x689x1696	1315
MM-75	0.85	12.1					
MH-75	1.0	11.0					
MJ-75	1.4	10.2					

型号	排气压力 [MPa(G)]	容积流量 (m³/min)	主电机名义功率 (kW)	电源 (V/P/Hz)	冷却方式	外形尺寸(L×W×H) (mm)	质量 (kg)
ML-90	0.75	17.1	90	380/3/50	风冷 或 水冷	3200x1587x1905	2617
MM-90	0.85	15.3					
MH-90	1.0	14.0					
ML-110	0.75	20.0	110	380/3/50	风冷 或 水冷	3200x1587x1905	2640
MM-110	0.85	19.2					
MH-110	1.0	17.5					
ML-132	0.75	23.5	132	380/3/50	风冷 或 水冷	3200x1587x1905	2702
MM-132	0.85	22.3					
MH-132	1.0	21.0					
ML-160	0.75	28.0	160	380/3/50	风冷 或 水冷	3200x1587x1905	2731
MM-160	0.85	26.0					
MH-160	1.0	25.0					
ML-200	0.75	34.3	200	380/3/50 或 6KV	风冷 或 水冷	4000x1930x2146 或 4650x1930x2146	4030 或 4830
MM-200	0.85	32.9					
MH-200	1.0	30.2					
ML-250	0.75	43.9	250	380/3/50 或 6KV	风冷 或 水冷	4000x1930x2146 或 4650x1930x2146	4934 或 5860
MM-250	0.85	42.5					
MH-250	1.0	38.8					
ML300-2S	0.75	60.2	300	380/3/50 或 6KV	风冷 或 水冷	4000x1930x2146 或 4650x1930x2146	7190 或 7370
MM300-2S	0.85	56.0					
MH300-2S	1.0	52.1					
MJ300-2S	1.4	44.3					
ML350-2S	0.75	69.2	350	380/3/50 或 6KV	风冷 或 水冷	4000x1930x2146 或 4650x1930x2146	7630 或 8100
MM350-2S	0.85	64.1					
MH350-2S	1.0	59.7					
MJ350-2S	1.4	50.2					

注: 以上为上海英格索兰公司固定式螺杆空气压缩机标准产品, 特殊要求请与销售总部联系。各型号产品详细工程参数请参见下列各章节。

UP系列喷油螺杆空气压缩机技术参数

机　型			UP5-15	UP5-18	UP5-22	UP5-30
排气压力	代号	MPa(G)	最低操作压力(0.45)			
	7	0.75	容积	2.41	3.0	3.54	5.6
	8	0.85	流量	2.36	2.87	3.34	5.0
	10	1.0	[m³/min	2.07	2.61	3.11	4.7
	14	1.4	(FAD)]	1.61	2.01	2.32	3.9
冷却	冷却方式		风冷			
	后冷却器CTD(℃)		7	10.5	15	15
	冷却风扇功率(kW)		由主电动机			1.1
	冷却风量(m³/min)		55.2	55.2	55.2	87.8
	冷却计容量(L)		13	13	13	21
主电动机	电机型号		IY160L-4	IY180M-4	IY180L-4	IY200L-4
	名义功率(kW)		15	18.5	22	30
	服务系数(SF)		1.15			
	电机转速(r/min)		1470	1474	1475	1480
	绝缘等级		F			
	防护等级		IP55(TEFC)			
	电源		380V/3PH/50Hz			
	启动方式		Y-Δ			
	额定电流(A)		28	35	39	56.2
	启动电流(A)		138	169	184	205
机组	运行温度(℃)		0~40			
	运行海拔(m)		<1000			
	传动方式		皮带传动			
	机组噪声[dB(A)]		75			69
	气体含油量(10⁻⁶)		≤3			
	机组外形(长×宽×高)(mm×mm×mm)	底座型	1315x920x1050			1712x1379x1344
		500L气罐型	2092x914x1760			–
		750L气罐型	2205x914x1887			–
	机组质量(kg)	底座型	509	532	540	1028
		500L气罐型	730	753	760	–
		750L气罐型	801	824	832	–
接口	电缆进线孔直径(mm)		38			64
	排气接口		BSPT1"			BSPT1.5"
	排污接口		–			BSPT0.25"

常用设备图库

4.8
4.8.1 空压机

英格索兰喷油螺杆空压机

4.8.1 (3)
M系列喷油螺杆空气压缩机技术参数表

缩机技术参数

M系列喷油螺杆空气压缩机技术参数

机 型			M37$_{PE}$	M45	M55	M75	M90	M110	M132	M160	M200	M250	M300-2S	M350-2S
排气压力	代号	MPa(G)	最低操作压力(0.45)											
	L	0.75	6.2	7.4	10.1	13	17.1	20	23.5	28	34.3	43.9	60.2	69.2
	M	0.85	容积流量[m³/min](FAD) 6.0	7.1	9.1	12.1	15.3	19.2	22.3	26	32.9	42.5	56.0	64.2
	H	1.0	5.7	6.5	8.3	11	14	17.5	21	25	30.2	38.8	52.1	59.5
	J	1.14	/	/	7.6	10.2	/	/	/	/	/	/	/	/
	XU	1.4	4.8	/	/	/	/	/	/	/	/	/	44.3	50.2
冷却 风冷	冷却风扇功率(kW)		1.1		4.0			4.0				15.0		
	冷却风量(m³/min)		110		207			496			585		768	
	排风压损(MPa)						<58.8							
	机组出口温度(℃)					t环境+8						t环境+10.5		
冷却 水冷	冷却水量(m³/h)		/	2.3	45		8.4	10	13.6	13.6	10.8/14.2	14.8/17.7	16.4/18.2	18.8/21.6
	冷却水压(MPa)		/					0.25-0.45						
	进水温度(℃)		/	32			46					32/46		
	机组出口温度(℃)		/	t+14			t环境+8					t环境+10.5		
	排风扇功率(kW)		/			0.75						1.1		
主电动机 低压电机	低压 型号		IY255S-4	IY200L3-2	IY200M1-4	IY200M2-4	IY280M1-4	IY255M2-4	IY315M1-4	IY315M2-4	IY315M2-4	IY315M4-4	IY315M3-4	IY315L1-4
	名义功率(kW)		37	45	55	75	90	110	132	160	200	250	300	350
	服务系数(SF)						1.15							
	电机转速(r/min)		1480				1485				1482		1484	
	电源启动方式		380V/3PH/50HZ Y-Δ											
	额定电流(A)		65	77	96	129	154	187	229	275	365	453	548	634
	启动电流(A)		168	210	239	337	398	500	576	671	775	897	1167	1553
主电动机 高压电机	高压 型号		/								IY3553-4	IY3554-4	IY3556-4	IY4001-4
	名义功率(kW)		/								200	250	300	350
	服务系数(SF)		/								1.15			
	电机转速(r/min)		/								1482			
	电源启动方式		/								6kV/3PH/50Hz 降压或直接启动			
	额定电流(A)		/								29	35	42	
	启动电流(A)		/								83	106	126	
机组	主电机绕缘等级		F											
	主电机防护等级		IP55								IP23/IP54			
	运行环境温度(℃)		2~46											
	运行海拔高度(m)		<1000											
	传动方式		皮带			齿轮直联								
	机组噪声[dB(A)]		69		76/75			80/79				85/82		
	机组振动(mm/S)			<7				<9				<9		
	气体含油量(10⁻⁶)		≤3					≤3~5				≤5		
	冷却计容量(L)		21	22.7		34.2		87.4			120		204	
	机组外形尺寸(mm×mm×mm)		同UP5-30		1605x1689x1696			3200x1587x1905			低压电机:4000x1930x2146 高压电机:4650x1930x2146			
	机组质量(kg)		1064	953	1270	1315	2617	2640	2702	2731	4030 / 4830	4934 / 5860	7190 / 7370	7630 / 8100
	最大件质量(kg)		260	350	443	550	722	842	1070	1190	970 / 1860	1140 / 1960	1800 / 2400	1930
	电缆进线孔直径(mm)		64		100			76				100		
接口	排气接口		BSP1.5	NPT1.5		NPT2.0			NPT2.5		3"ASA法兰(供成对)		4"ASA法兰(供成对)	
	进/出水接口		/	NPT1.0			NPT1.5				2"BSP,P			
	冷凝液排放接口		BSP0.25	NPT0.5							1/2"BSP,P			
	机座底盘排污口										1/4BSP,P			

英格索兰喷油螺杆空气压缩机执行标准：
1. 制造标准：美国英格索兰《Davidson螺杆空气压缩机工厂制造标准》，也符合Q/JBBX1-1998《螺杆压缩空气》上海英格索兰压缩机有限公司企业标准。
2. 性能测试标准：FAD是整个机组出口处在额定排气压力下的性能。测试标准按ISO1217-1996《容积式压缩机验收试验》。测试方法也符合GB/T3853-1998《一般用容积式空气压缩机性能测试方法》。
3. 噪声测试标准：按CAGI/PNEUROPS5.1±3dBA，也符合GB/T4980-1995及GB/T7022-1996《容积式压缩机噪声功率级的测定工程法及简易法》。
4. 接口NPT为美国内螺纹标准，相当于国际"Z"螺纹。BSP,P为英制内螺纹管，相当于"G"内螺纹管。

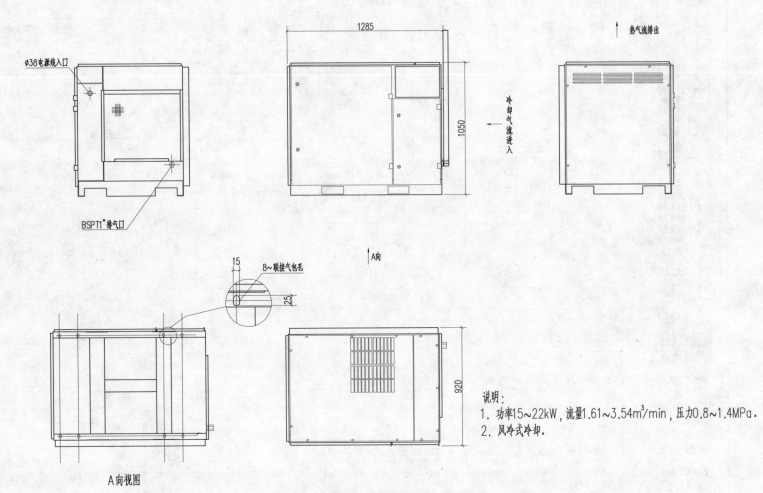

φ38电源线入口

BSPT1"排气口

1285

1050

热气流排出

冷却气流进入

A向

15   8~联接气包孔

25

A向视图

920

说明:
1. 功率15~22kW, 流量1.61~3.54m³/min, 压力0.8~1.4MPa.
2. 风冷式冷却.

UP5-15/18/22底座型螺杆式空气压缩机

常用设备图库

4.8 空压机
4.8.1 英格索兰喷油螺杆空压机

4.8.1(5)

UP5-30/M37室外机型螺杆式空气压缩机

外形图

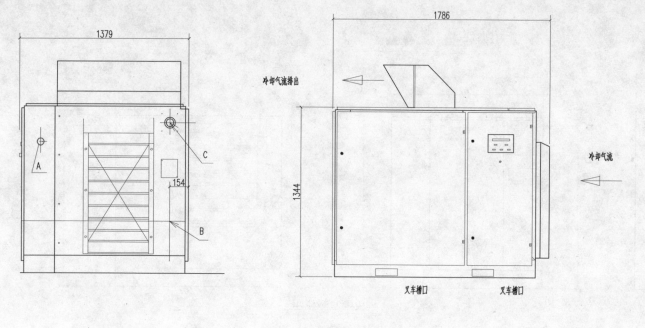

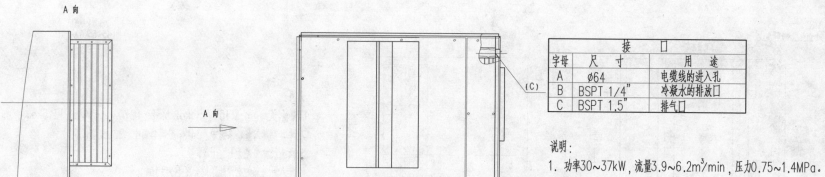

接 口		
字母	尺 寸	用 途
A	Ø64	电缆线的进入孔
B	BSPT 1/4"	冷凝水的排放口
C	BSPT 1.5"	排气口

说明:
1. 功率30~37kW, 流量3.9~6.2m³/min, 压力0.75~1.4MPa。
2. 风冷式冷却。

UP5-30/M37室外机型螺杆式空气压缩机外形图

常用设备图库

4.8 空压机
4.8.1 英格索兰喷油螺杆空压机

4.8.1(6)
M45/M55/M75
外型螺杆式
图形空气压缩
机冷

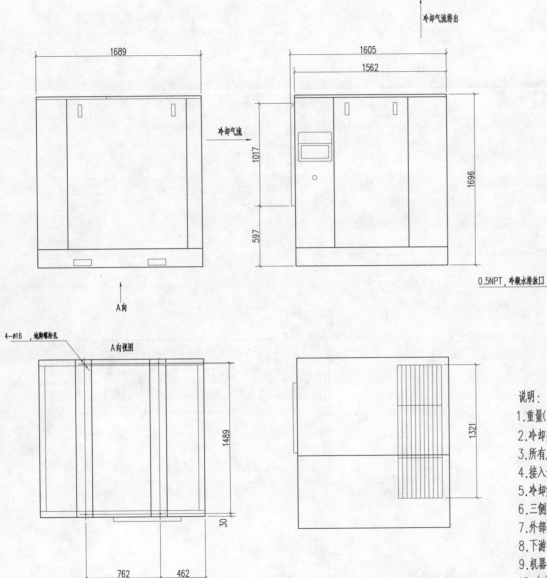

冷却气流排出

电源线入口

1689

1605

1562

冷却气流

1017

597

1699

1594

92

A向

0.5NPT 冷凝水排放口

2.0NPT（75kW）排气口
1.5NPT（45-55kW）排气口

4-ø16 地脚螺栓孔

A向视图

1489

30

762   462

1321

说明：
1.重量(大约)：M45：953kg；M55：1270kg；M75：1315kg。
2.冷却剂加入量，系统中：34L；分离器筒中：23.5L。
3.所有尺寸公差为±3mm。
4.接入开关箱的电源线预留长度不少于1m。
5.冷却空气流量：207m^3/min。
6.三侧面推荐的净空间1m，控制面板前至少需要有1.1m。
7.外部管路安装后不得对机组产生任何力或力矩。
8.下游管路中不可使用塑料管。
9.机器安装完毕后，用盖板封上叉车孔。
10.在安装机组排风管道时，其压损应小于58.8Pa。
11.功率45~75kW，流量6.5~13m^3/min，压力0.75~1.14MPa。

M45/M55/M75风冷型螺杆式空气压缩机外形图

常用设备图库

4.8 空压机
4.8.1 英格索兰喷油螺杆空压机

4.8.1(7)

M45/M55/M75水冷型
螺杆式空气压缩机外
形图

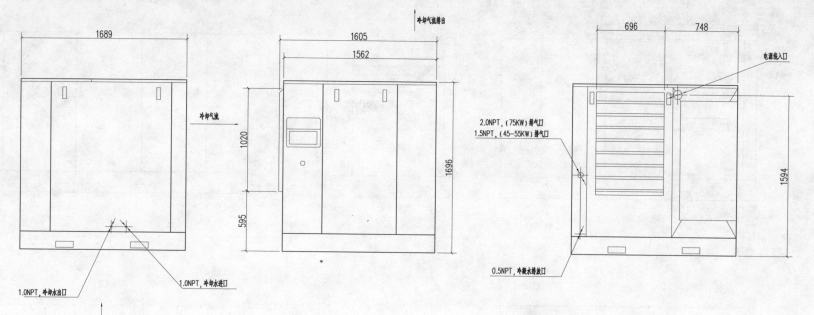

说明：
1. 重量(大约)：M45：953kg；　M55：1270kg；M75：1315kg。
2. 冷却剂加入量，系统中：34L；分离器筒中：23.5L。
3. 所有尺寸公差为±3mm。
4. 接入开关箱的电源线预留长度不少于1m。
5. 冷却水流量：4.5m³/h。
6. 三侧面推荐的净空间1m，控制面板前至少需要有1.1m。
7. 外部管路安装后不得对机组产生任何力或力矩。
8. 下游管路中不可使用塑料管。
9. 机器安装完毕后，用盖板封上叉车孔。
10. 在安装机组排风管道时，其压损应小于58.8Pa。
11. 功率45~75kW，流量6.5~13m³/min，压力0.75~1.14MPa。

M45/M55/M75水冷型螺杆式空气压缩机外形图

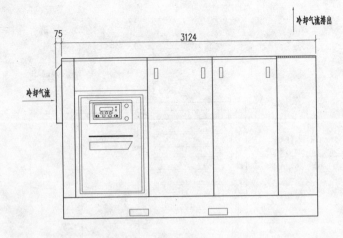

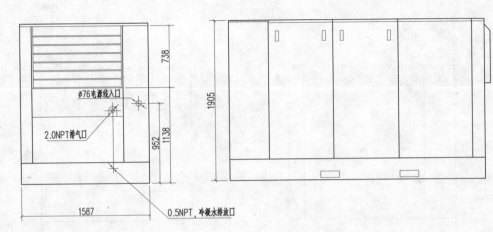

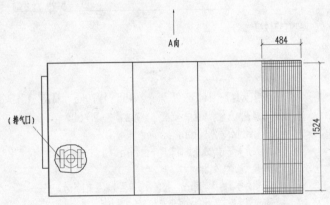

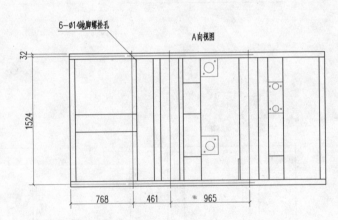

说明:
1.重量(大约): M90:2617kg; M110:2640kg.
2.冷却剂加入量, 系统中:87L; 分离器筒中:61L .
3.所有尺寸公差为±3mm.
4.接入开关箱的电源线预留长度不少于1m.
5.冷却空气流量:496m³/min.
6.三侧面推荐的净空间1m, 控制面板前至少需要有1.1m.

7.外部管路安装后不得对机组产生任何力或力矩.
8.下游管路中不可使用塑料管.
9.机器安装完毕后, 用盖板封上叉车孔.
10.在安装机组排风管道时, 其压损应小于58.8Pa.
11.机组顶部上方至少留出460mm的空间, 以便于更换油气分离器芯.
12.功率90~160kW, 流量14~28m³/min, 压力0.75~1.0MPa.

M90/M110风冷型螺杆式空气压缩机外形图

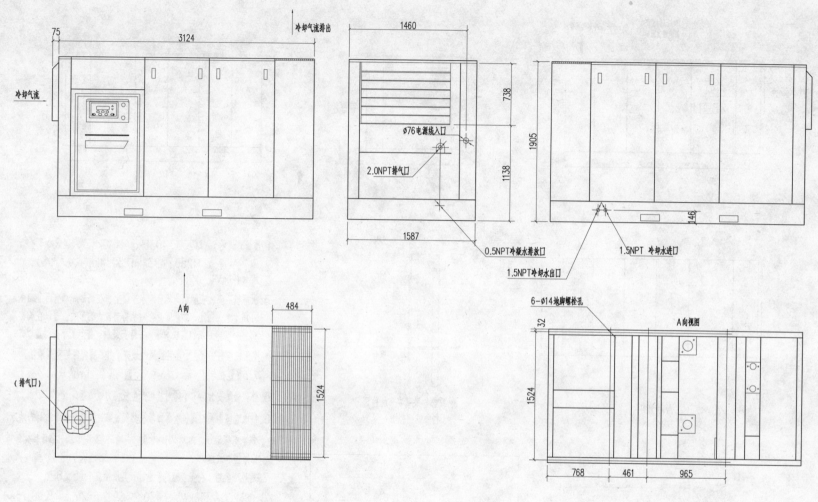

说明：

1.重量(大约)：M90：2617kg；M110：2640kg.

2.冷却剂加入量，系统中：87L；分离器筒中：61L.

3.所有尺寸公差为±3mm.

4.接入开关箱的电源线预留长度不少于1m.

5.冷却水流量：8.4/10m³/h.

6.三侧面推荐的净空间1m³,控制面板前至少需要有1.1m.

7.外部管路安装后不得对机组产生任何力或力矩.

8.下游管路中不可使用塑料管.

9.机器安装完毕后，用盖板封上叉车孔.

10.在安装机组排风管道时，其压损应小于58.8Pa.

11.机组顶部上方至少留出460mm的空间，以便于更换油气分离器芯.

12.功率90~160kW，流量14~28m³/min，压力0.75~1.0MPa.

M90/M110水冷型螺杆式空气压缩机外形图

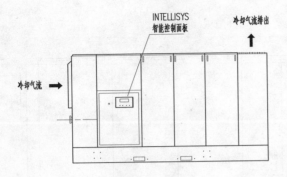

INTELLISYS 智能控制面板

冷却气流排出

冷却气流

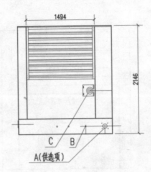

1494

2146

C B

A(供选项)

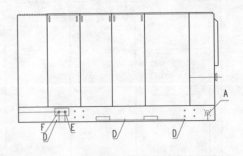

A

F E D D

说明:

1. 质量(大约):M200:4030kg/4130kg(风冷/水冷);
   M250:4934kg/5034kg(风冷/水冷)。

2. 冷却剂加入量:120L。

3. 压缩机应安放在能承受其重的水平面上,在机器底部有四个Ø14孔,
   可用于永久固定。如果噪声会对机器有较大的影响,可以在机器底
   部垫一些橡胶织物或软木等,并待安装后,盖上叉车槽口盖板。

4. 空压机应当安放在干燥且通风的地方,并尽可能保持空气清新。
   建议安置在与前、后、左、右净空间间隔至少1m的地方。

5. 外部管路安装后,不得对机组产生任何力或力矩。

6. 供电电缆由用户提供,尽可能将其安装靠近机器并易于达到的地方。
   供电电缆应预留约大于1m长度,并与终端L1-L2-L3连接处需保
   持紧密和清洁。

7. 对风冷机组,在安装排风管道时,其压损应小于58.8Pa。

8. 功率200~350kW,流量30.2~69.2m³/min,压力0.75~1.14MPa,
   单级或2级压缩,输入电压380V/6kV/10kV。

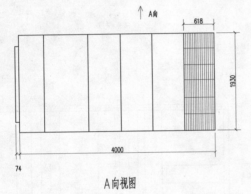

A向

618

1930

4000

74

A向视图

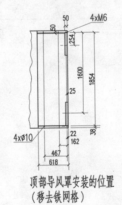

50
4xM6
254
1600
1854
25
38
4xØ10
22
162
467
618

顶部导风罩安装的位置
(移去铁网格)

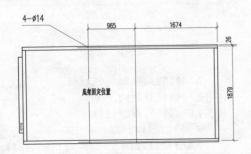

4-Ø14

965   1674

26

1879

底架固定位置

连结尺寸		
字母	尺寸	连接尺寸
A	Ø100	电缆线的进入孔
B	1/2" BSP.P	冷凝液的排放口
C	3" ASA	排气口(供成对法兰)
D	1/4" BSP.P	底盘机座的排放口
E	2" BSP.P	冷却水的进口
F	2" BSP.P	冷却水的出口

M200/M350-2S风冷、水冷型螺杆式空气压缩机外形图

无油螺杆空气压缩机技术参数

机型			S37	S45	S55	S75	S90	S110	S132	S150	S200	S250	S300
排气压力	代号	MPa(G)	目前全是美国英格索兰进口										
	L	0.75　容积流量 [m³/min] (FAD))	6	7.6	9.6	12.5	15.9	19.4	22.8	25.9	35	45.2	/
	M	0.85	5.1	6.5	8.6	11.6	13.6	18	21.4	24.6	32.6	41.5	/
	H	1.0	/	/	7.7*	10.7*	13	15.3	18.8	22.1	27.4	35.5	43.3
冷却	风冷	冷却风扇功率(kW)	4				7.5				15.0	15.0	/
		冷却风量(m³/min)	227				368				510	566	/
		冷却风温升(℃)	9	12	14	19	16	19	22	25	19	22	/
		后冷却器CTD(℃)	12.8	13.3	13.9	14	10.5~13	11~14	11~14	11~14	14	14	/
	水冷	冷却水量(m³/h)	3.18	3.84	4.32	5.46	7.5	8.64	9.6	10.92	13.62	19.1	21.36
		冷却水压(MPa)	0.3-1.0										
		进水温度(℃)	最高46℃，测试27℃										
		机组出口温度(℃)	8.3				8.4				5.5		
		排风扇功率(kW)	0.37				0.75				2.2		
主电动机	型号	OPD	P180L	P200M	P225MR	P250SP	P250MP	P280MP	P280MG	P280MG	PA315M	PA315MU	PA315LU
		TEFC	LS200 LU	LS225 MK	LS225 MU	LS250 MK	LS315 SP	LS315 MP	LS315 MR	LS315 MR	FLS355 LA	FLS355 LB	FLS355 LC
	名义功率(kW)		37	45	55	75	90	110	132	150	200	250	300
	服务系数(SF)		1.25								1.15		
	电机转速(r/min)		2925	2930	2940	2955	2955	2970	2950	2955	1475	1475	1475
	绝缘等级及防护等级		F级绝缘，IP23(ODP)/IP55(TEFV)										
	电源及启动方式		380V/3P/50HZ Y-Δ										
	额定电流(A)		74	87	107	144	177	206	246	288	363	465	565
	启动电流(A)		598	774	816	1134	1420	1636	1731	2000	2585	3055	3462
机组	运行环境温度(℃)		1.7~46										
	运行海拔高度(m)		≤1000										
	传动方式		齿轮直接联动										
	机组噪声[dB(A)]		风冷76/水冷76								风冷76/水冷79		
	润滑油参数		润滑油牌号：IRSL200　润滑油压力：3.2barg										
	润滑油容量(L)		42				49				91		
	机组外形尺寸(mm×mm×mm)		2248x1372x1914				2692x1588x风冷2362/水冷1841				3048x1930x风冷2438/水冷2032		
	机组重量(风冷/水冷)(kg)		2387/2410	2497/2520	2577/2600	2682/2705	3040/3195	3095/3250	3274/3429	3275/3430	4186	4306	4366
	最大件质量(kg)												
接口	电缆进线孔直径(mm)		76				77				按用户现场配置		
	排气接口 BSPT		2"				2"				4"ANS法兰		
	进/出水接口 BSPT		1½"				2"				2"		
	中/后冷却器排污口 BSPT		½"										
	呼吸器管接口 BSPT		2"										

备注

1. 英格索兰无油螺杆空气压缩机组全性能测试标准：ISO1217-1996《容积式压缩机验收试验》.
2. 容积流量(FAD)：基于环境温度为：1.7~46℃，吸气压力：P=0.1MPa(A)，冷却风温t=26.7℃.
3. 冷却器CTD：基于进口空气相对湿度：40%.
4. 噪声测试标准：按CAGI-PNEUROPS5.1±3dBA.
5. 接口BSPT为为英制内螺纹管，相当于ZG管螺纹。ANS为《美国国家标准》法兰.

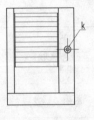

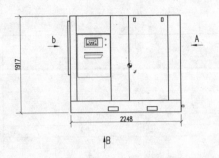

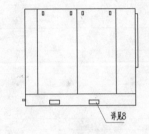

A向视图

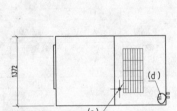

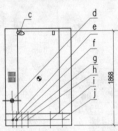

B向视图

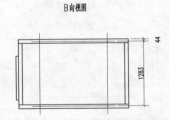

S37/S75风冷无油螺杆空气压缩机外形图

字母	接口类型
a	冷却空气排气口
b	空气进口
c	1″BSPT呼吸器管接口
d	$1\frac{1}{2}$″BSPT，排气口
e	1/4″BSPT后冷却器冷凝水手动排放口
f	1/4″BSPT中间冷却器冷凝水手动排放口
g	1/2″BSPT后冷却器冷凝水排放口
h	1/2″BSPT中间冷却器冷凝水排放口
i	密封气开口：不可堵住
j	1/4″BSPT轴封排油口：不可堵住
k	电缆线入口

说明：
1. 机组质量：
　　37-75kW（ODP）：2318-2597kg；
　　37-75kW（TEFC）：2577-5949kg。
2. 冷却风流量：227m³/min。
3. 润滑油量：42L。
4. 所有尺寸偏差：±6mm。
5. 机组的3个侧面至少离其它设备914mm，其控制面板至少离其它设备1067mm。
6. 接到空压机上的管路不得对设备产生额外的力和力矩。
7. 设备的下游管线不得采用塑料或PVC材料的管道。
8. 设备完成安装后，要用盖板盖上铲车孔。
9. 如果安装导风罩的话，其阻力不得大于58.8Pa。
10. 压缩机内已装有止逆阀，不需要装外部的止逆阀，但推荐装一个隔离阀。
11. 压缩机和地面间需垫有隔振橡胶垫，并用地脚螺栓固定。
12. 不要把本设备的出口管路和往复式压缩机的出口管路直接连接。

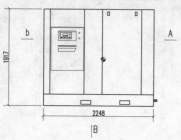

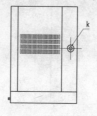

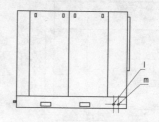

A向视图

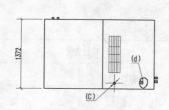

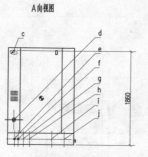

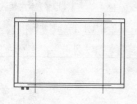

B向视图

字母	接口类型
a	冷却空气排气口
b	空气进口
c	1"BSPT呼吸器管接口
d	$1\frac{1}{2}$"BSPT，排气口
e	$1/4$"BSPT后冷却器冷凝水手动排放口
f	$1/4$"BSPT中间冷却器冷凝水手动排放口
g	$1/2$"BSPT后冷却器冷凝水排放口
h	$1/2$"BSPT中间冷却器冷凝水排放口
i	密封气开口：不可堵住
j	$1/4$"BSPT轴封排油口：不可堵住
k	电缆线入口
l	$1\frac{1}{2}$"BSPT冷却水出口
m	$1\frac{1}{2}$"BSPT冷却水进口

说明：
1. 机组质量：
   37-75KW(ODP)：2318-2597kg；
   37-75KW(TEFC)：2577-5949kg。
2. 冷却水流量：3~5.5m³/h。
3. 润滑油量：42L。
4. 所有尺寸偏差：±6mm。
5. 机组的3个侧面至少离开其它设备914mm，其控制面板至少离开其它设备1067mm。
6. 接到空压机上的管路不得对设备产生额外的力和力矩。
7. 设备的下游管线不得采用塑料或PVC材料的管道。
8. 设备完成安装后，要用盖板盖上铲车孔。
9. 如果安装导风罩的话，其阻力不得大于58.8Pa。
10. 压缩机内已装有止逆阀，不需要装外部的止逆阀，但推荐装一个隔离阀。
11. 压缩机和地面间需垫有隔振橡胶垫，并用地脚螺栓固定。
12. 不要把本设备的出口管路和往复式压缩机的出口管路直接连接。

S37/S75水冷无油螺杆空气压缩机外形图

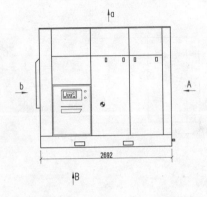

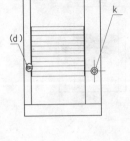

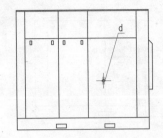

A向视图

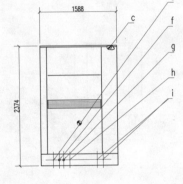

B向视图

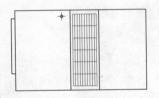

字母	接口类型
a	冷却空气排气口
b	空气进口
c	1"BSPT呼吸器管接口
d	1½"BSPT,排气口
e	1/4"BSPT后冷却器冷凝水手动排放口
f	1/4"BSPT中间冷却器冷凝水手动排放口
g	1/2"BSPT后冷却器冷凝水排放口
h	1/2"BSPT中间冷却器冷凝水排放口
i	密封气开口:不可堵住
k	电缆线入口

说明:
1. 机组质量:90-110kW(ODP):约2920-3050kg;
　　　　　132-150kW(ODP):约3220-3350kg;
　　　　　90-150kW(TEFC):约3300-3400kg.
2. 冷却风流量:425m³/min.
3. 润滑油量:49L.
4. 所有尺寸偏差:±6mm.
5. 机组的3个侧面至少离开其它设备914mm,其控制面板至少离开其它设备1067mm.
6. 接到空压机上的管路不得对设备产生额外的力和力矩.
7. 设备的下游管线不得采用塑料或PVC材料的管道.
8. 设备完成安装后,要用盖板盖上铲车孔.
9. 如果安装导风罩的话,其阻力不得大于58.8Pa.
10. 压缩机内已装有止逆阀,不需要装外部的止逆阀,但推荐装一个隔离阀.
11. 压缩机和地面间需垫有隔振橡胶垫,并用地脚螺栓固定.
12. 不要把本设备的出口管路和往复式压缩机的出口管路直接连接.

S90/S150风冷无油螺杆空气压缩机外形图

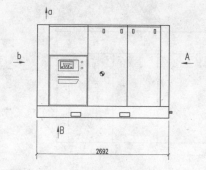

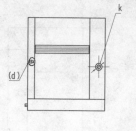

A向视图

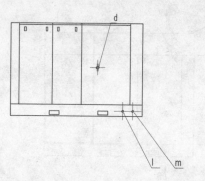

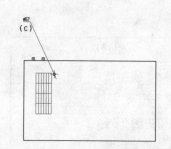

B向视图

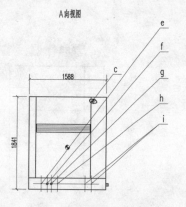

说明:

1. 机组质量:90-110kW(ODP):约2920-3050kg;
   132-150kW(ODP):约3220-3350kg;
   90-150kW(TEFC):约3300-3400kg。
2. 冷却水流量:7.5~11m³/h。
3. 润滑油量:49L。
4. 所有尺寸偏差:±6mm。
5. 机组的3个侧面至少离开其它设备914mm,其控制面板至少离开其它设备1067mm。
6. 接到空压机上的管路不得对设备产生额外的力和力矩。
7. 设备的下游管线不得采用塑料或PVC材料的管道。
8. 设备完成安装后,要用盖板盖上铲车孔。
9. 如果安装导风罩的话,其阻力不得大于58.8Pa。
10. 压缩机内已装有止逆阀,不需要装外部的止逆阀,但推荐装一个隔离阀。
11. 压缩机和地面间需垫有隔振橡胶垫,并用地脚螺栓固定。
12. 不要把本设备的出口管路和往复式压缩机的出口管路直接连接。

字母	接口类型
a	冷却空气排气口
b	空气进口
c	1"BSPT呼吸器管接口
d	1 1/2"BSPT,排气口
e	1/4"BSPT后冷却器冷凝水手动排放口
f	1/4"BSPT中间冷却器冷凝水手动排放口
g	1/2"BSPT后冷却器冷凝水排放口
h	1/2"BSPT中间冷却器冷凝水排放口
i	密封气开口;不可堵住
k	电缆线入口
l	2"BSPT,冷却水出口
k	2"BSPT,冷却水入口

S90/S150水冷无油螺杆空气压缩机外形图

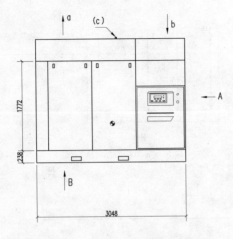

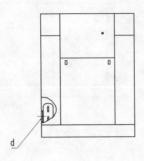

A向视图

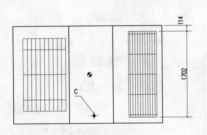

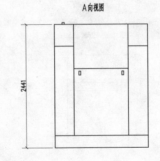

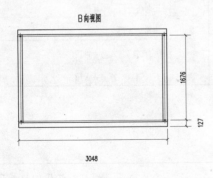

B向视图

字母	接口类型
a	冷却空气排气口
b	空气进口
c	1"BSPT呼吸器管接口
d	4"ANSI法兰，排气口
e	密封气排放口，不可堵塞
f	1/2"BSPT中间冷却器冷凝水排放口
g	1/4"BSPT中间冷却器冷凝水手动排放口
h	1/4"BSPT后冷却器冷凝水手动排放口
i	1/2"BSPT后冷却器冷凝水排放口

说明：

1. 机组质量（ODP）：约5400kg。
2. 冷却风流量：566m³/min。
3. 润滑油量：91L。
4. 所有尺寸偏差：±6mm。
5. 机组的3个侧面至少离开其它设备925mm，其控制面板至少离开其它设备1075mm。
6. 接到空压机上的管路不得对设备产生额外的力和力矩。
7. 设备的下游管线不得采用塑料或PVC材料的管道。
8. 设备完成安装后，要用盖板盖上铲车孔。
9. 如果安装导风罩的话，其阻力不得大于58.8Pa。
10. 压缩机内已装有止逆阀，不需要装外部的止逆阀，但推荐装一个隔离阀。
11. 压缩机和地面间需垫有隔振橡胶垫，并用地脚螺栓固定。
12. 不要把本设备的出口管路和往复式压缩机的出口管路直接连接。

S200/S300风冷无油螺杆空气压缩机外形图

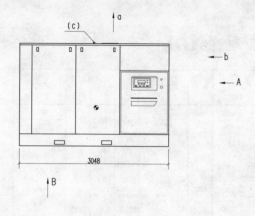

3048

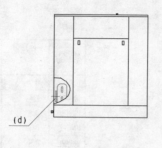

A向视图

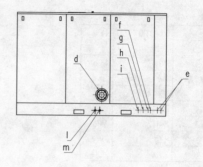

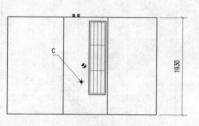

1930

B向视图

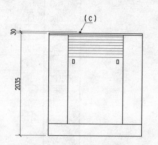

2035

30

字母	接口类型
a	冷却空气排气口
b	空气进口
c	1"BSPT呼吸器管接口
d	4"ANSI法兰, 排气口
e	密封气排放口, 不可堵塞
f	1/2"BSPT中间冷却器冷凝水排放口
g	1/4"BSPT中间冷却器冷凝水手动排放口
h	1/4"BSPT后冷却器冷凝水手动排放口
i	1/2"BSPT后冷却器冷凝水排放口
l	1 1/2"BSPT冷却水出口
m	1 1/2"BSPT冷却水进口

说明:
1. 机组质量(ODP): 约5400kg。
2. 冷却水流量: 13.6/19/21.4m³/h。
3. 润滑油量: 91L。
4. 所有尺寸偏差: ±6mm。
5. 机组的3个侧面至少离开其它设备925mm, 其控制面板至少离开其它设备1075mm。
6. 接到空压机上的管路不得对设备产生额外的力和力矩。
7. 设备的下游管线不得采用塑料或PVC材料的管道。
8. 设备完成安装后, 要用盖板盖上铲车孔。
9. 如果安装导风罩的话, 其阻力不得大于58.8Pa。
10. 压缩机内已装有止逆阀, 不需要装外部的止逆阀, 但推荐装一个隔离阀。
11. 压缩机和地面间需垫有隔振橡胶垫, 并用地脚螺栓固定。
12. 不要把本设备的出口管路和往复式压缩机的出口管路直接连接。

S200/S300水冷无油螺杆空气压缩机外形图

IR风冷型冷冻式干燥机技术规格参数表

技术性能：

工作压力	0.6~11.0	MPa
压力露点	3~10	℃
压降	<0.035	MPa
冷凝器冷却方式	风冷	
设计环境温度	30~143	℃
设计进气温度	30~145	℃
空气出口温差	8~112	MPa
冷媒类型	R22	
噪音	<70	dB(A)

标准运行条件：

环境温度	40	℃
进气温度	45	℃
进气压力	0.7	MPa
压力露点	3	℃

当进气压力及进气温度变化时，对处理量的选用可分别乘下列修正系数：

进气压力(MPa)	进气温度(℃)							
	30	35	40	45	50	55	60	65
0.56	1.68	1.36	1.12	0.94	0.83	0.74	0.65	0.57
0.7	1.75	1.43	1.19	1	0.87	0.76	0.66	0.58
0.88	1.85	1.52	1.25	1.04	0.90	0.81	0.71	0.64
1.05	1.94	1.61	1.34	1.13	0.99	0.89	0.79	0.71

当环境温度不等于40℃时，对处理量的选用可分别乘下列修正系数：

环境温度℃	30	35	40	43
修正系数	1.12	1.06	1	0.94

当压力露点不等于3℃时，对处理量的选用可分别乘下列修正系数：

压力露点温度℃	3	4	7	10
修正系数	1.0	1.1	1.2	1.3

IR风冷型冷冻式干燥机的型号及规格

型 号	*处理量 (m³/min)	压缩机功率 (kW)	风扇功率 (kW)	电源	空气接口尺寸	盐液罐 长	宽	高	重量 (kg)
IR7RC	0.7	0.43	0.079	220V 1P 50Hz	BSP1"	660	465	840	90
IR14RC	1.4	0.43	0.079						100
IR36RC	3.6	0.87	0.13		BSP1.5"	760	480	1000	130
IR47RC	4.7	1.39	0.13						180
IR65RC	6.5	1.65	0.18		BSP1.5"	960	590	1085	200
IR90RC	9	2.15	0.18						240
IR115RC	11.5	2.58	0.245		BSP2"	1060	620	1250	240
IR135RC	13.5	2.58	0.245						300
IR165RC	16.5	3.5	0.82		BSP2.5"	1265	760	1750	340
IR195RC	19.5	4.43	0.82						420
IR230RC	23.2	4.43	0.93		BSP3"	1450	890	1760	480
IR265RC	27	5.25	0.93						520
IR290RC	30	6.12	0.68	380V 3P 50Hz	BSP3"	1650	980	1970	550
IR350RC	35	6.96	0.68			1650	980	1900	600
IR390RC	39	7.82	1.64		法兰4"	1750	1005	2030	650
IR450RC	45	8.96	1.64						700
IR515RC	51.5	10.25	1.86			1860	1050	2110	800
IR580RC	58	11.61	1.86		法兰5"				950
IR680RC	68	13.62	1.36			2100	1080	2235	1200
IR760RC	76.5	15.63	1.36						1500
IR800RC	80	16.61	1.86						1700
IR920RC	92	17.9	1.86		法兰6"	2620	1710	2520	2000
IR990RC	99	18.5	1.86						2200
IR1280RC	128	22	3.44			2740	1760	2620	2400
IR1450RC	145	26	3.44		法兰8"				2600

注：*处理量为标准运行条件下，压力露点3℃时的空气处理量，非此工况时建议按上述修正处理量。
空气接口尺寸BSP为英制G管螺纹，法兰选自HG20593-97《板式平焊钢制管法兰（欧洲体系）》。

常用设备图库

4.9 压缩空气后处理设备
4.9.1 英格索兰压缩空气后处理设备

IR7RC/IR135RC英格索兰压缩空气后处理设备

4.9.1(2)

IR7RC/IR135RC风冷型冷冻式干燥机外形图

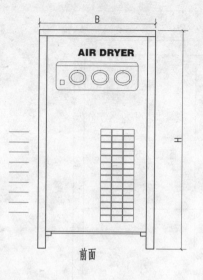

前面

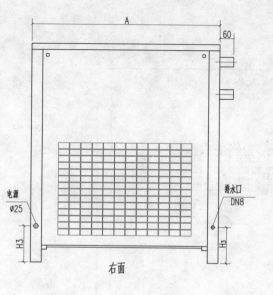

右面

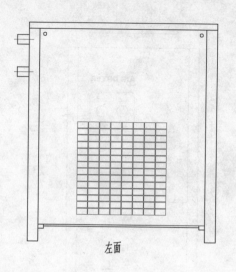

左面

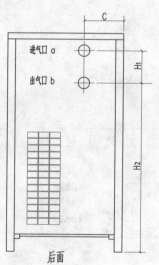

后面

型 号	外 形 尺 寸							进出气口尺寸	
	A	B	C	H	H₁	H₂	H₃	a	b
IR7RC	660	465	142.5	840	103.5	666.5	160	DN25	DN25
IR14RC	660	465	142.5	840	103.5	666.5	160	DN25	DN25
IR36RC	760	480	160	1000	148	767	160	DN40	DN40
IR47RC	760	480	160	1000	148	767	160	DN40	DN40
IR65RC	960	590	200	1085	160.5	839.5	180	DN40	DN40
IR90RC	960	590	200	1085	160.5	839.5	180	DN40	DN40
IR115RC	1060	620	200	1250	160.5	954.5	200	DN40	DN40
IR135RC	1060	620	200	1250	160.5	954.5	200	DN40	DN40

说明:
处理流量0.7~13.5m³/min,压力露点3℃.
仪表:入口温度表;冷媒高压表;冷媒低压表.

IR7RC/IR135RC风冷型冷冻式干燥机外形图

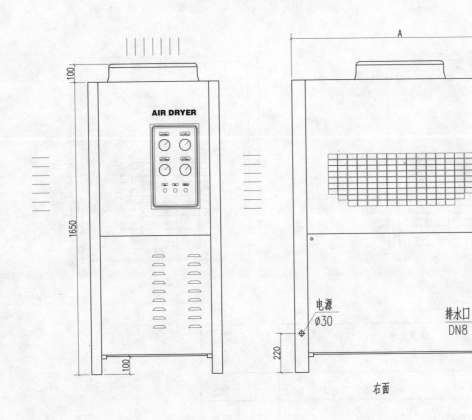

右面

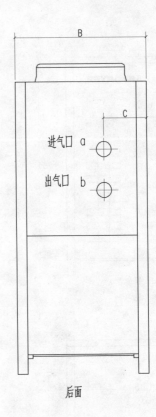

进气口 a

出气口 b

后面

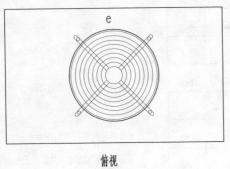

俯视

型号	外形尺寸						进出气口尺寸		风叶	仪表
	A	B	C	D	H₁	H₂	a	b	e	
IR165RC	1265	760	250	90	230.5	1036.5	DN50	DN50	Ø500	入口压力表 入口温度表 冷媒高压表 冷媒低压表
IR195RC	1265	760	250	90	230.5	1036.5	DN50	DN50	Ø500	
IR230RC	1450	890	270	100	250	1092.5	DN80	DN80	Ø560	
IR265RC	1450	890	270	100	250	1092.5	DN80	DN80	Ø560	

说明:
处理流量16.5~26.5m³/min,压力露点3℃.

IR165RC/IR265RC风冷型冷冻式干燥机外形图

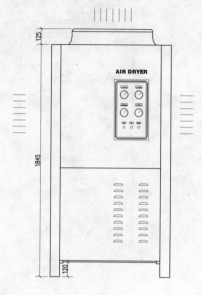

AIR DRYER

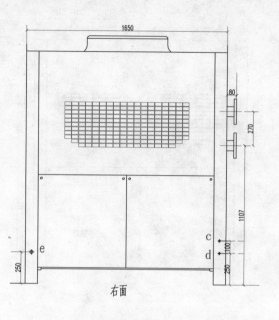

右面

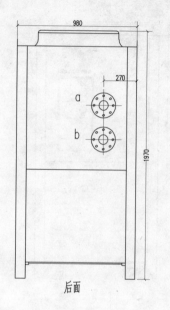

后面

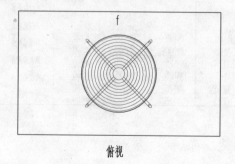

俯视

a. DN100　出气口
b. DN100　进气口
c. DN8　排水口
d. DN8　排水口
e. ∅30　电源口
f. ∅630　风叶

g. 入口压力表
h. 入口温度表
i. 冷媒高压表
j. 冷媒低压表

说明:
处理流量29~35m³/min, 压力露点3℃。

IR290RCW/IR350RCW风冷型冷冻式干燥机外形图

常用设备图库

4.9 压缩空气后处理设备
4.9.1 英格索兰压缩空气后处理设备

4.9.1(5)

IR390RC/IR760RC风
形冷型冷冻式干燥机外
图型

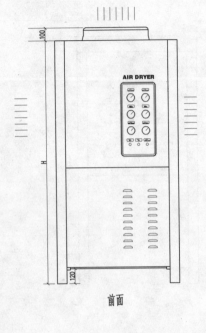

前面

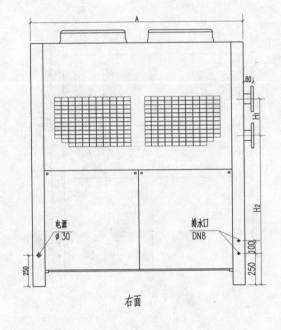

右面

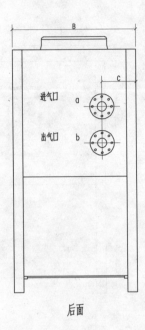

后面

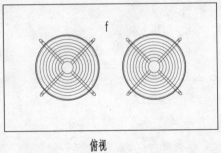

俯视

说明：
处理流量39～76m³/min，压力露点3℃。

型 号	外 形 尺 寸						进出气口尺寸		风叶	仪表
	A	B	C	H	H1	H2	a	b	f	入口压力表
IR390RC	1750	1005	280	1930	290	1186	DN100	DN100	Ø500	入口温度表
IR450RC	1750	1005	280	1930	290	1186	DN100	DN100	Ø500	环境温度表
IR515RC	1860	1050	300	2000	370	1173	DN125	DN125	Ø560	露点温度表
IR580RC	1860	1050	300	2000	370	1173	DN125	DN125	Ø560	冷媒高压表
IR680RC	2100	1080	310	2110	370	1273	DN125	DN125	Ø630	冷媒低压表
IR760RC	2100	1080	310	2110	370	1273	DN125	DN125	Ø630	

IR390RCW/IR760RCW风冷型冷冻式干燥机外形图

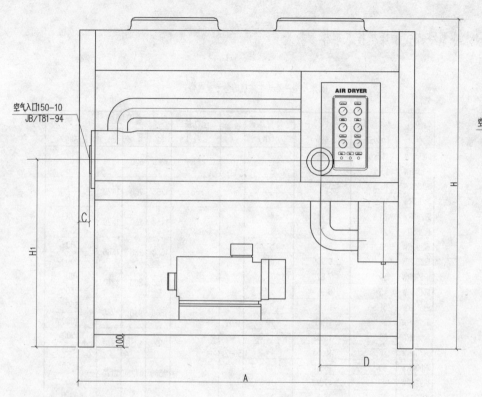

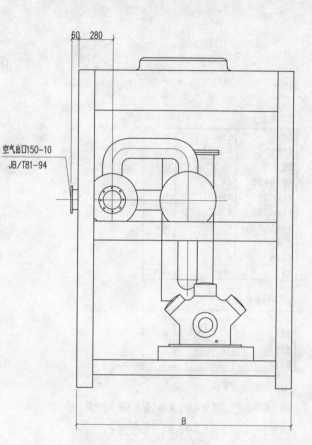

说明：
处理流量80~145m³/min，压力露点3℃.

IR800RC/IR1450RC风冷型冷冻式干燥机外形图

型号	外形尺寸					
	A	B	C	D	H	H₁
IR800RC-IR990RC	2620	1710	48	770	2520	1440
IR1280RC-IR1450RC	2740	1760	88	820	2620	1490

空气入口150-10
JB/T81-94

空气出口150-10
JB/T81-94

AIR DRYER

IR水冷型冷冻式干燥机技术规格参数表

技术性能：

工作压力	0.6~1.0	MPa
压力露点	3~10	℃
压降	<0.035	MPa
冷凝器冷却方式	水冷	
设计进气温度	30~45	℃
冷却水入口温度	≤32	℃
冷却水入口压力	0.15~0.3	MPa
空气出口温差	8~12	℃
冷媒类型	R22	
噪音	<60	dB(A)

标准运行条件：

进气温度	45	℃
进气压力	0.7	MPa
进水温度	32	℃
压力露点	3	℃

说明：

当进气压力及进气温度变化时，或压力露点不等于3℃时，对处理量的选用可分别用风冷的修正系数进行修正。

IR水冷型冷冻式干燥机的型号及规格

型号	*处理量 (m³/min)	压缩机功率 (kW)	冷却水量 (t/h)	电源	空气接口尺寸	盐液罐L 长	宽	高	重量 (kg)
IR115RW	11.5	2.58	2	220V 1P 50Hz	BSP2"	1060	620	1250	240
IR135RW	13.5	2.58	2.2						300
IR165RW	16.5	3.5	3		BSP2.5"	1265	760	1470	380
IR195RW	19.5	4.43	3.5						450
IR230RW	23.2	4.43	4		BSP3"	1450	760	1520	500
IR265RW	27	5.25	4.5						550
IR290RW	30	6.12	5			1650	860	1665	580
IR350RW	35	6.96	6		BSP4"				650
IR390RW	39	7.82	7			1750	890	1710	700
IR450RW	45	8.96	7.5						750
IR515RW	51.5	10.25	8		BSP5"	1860	940	1780	850
IR580RW	58	11.61	10	380V 3P 50HZ					1000
IR680RW	68	13.62	12.8			2100	1050	1910	1500
IR760RW	76.5	15.63	14.2						1500
IR800RW	80	16.61	15		法兰6"	2360	1125	2170	1800
IR920RW	92	17.9	16						2100
IR990RW	99	18.5	17			2410	1450	2310	2200
IR1280RW	128	22	18						2500
IR1450RW	145	26	22		法兰8"	2520	1520	2410	2700
IR2050RW	205	37	30			2600	1665	2520	2800
IR2500RW	252	44.5	40		法兰10"	2625	1710	2600	3100
IR3000RW	300	52	55			2990	1910	2740	3500

注：*处理量为标准运行条件下，压力露点3℃时的空气处理量，非此工况时建议参照风冷式冷干机的修正方法选取处理量（进水温度暂不作修正）。

空气接口尺寸BSP为英制G管螺纹，法兰选自HG20593-97《板式平焊钢制管法兰（欧洲体系）》

常用设备图库

4.9 压缩空气 后处理设备
4.9.1 英格索兰压缩空气 后处理设备

4.9.1(8)

IR290RCW/IR760RCW
水冷型冷冻式干燥机外
形图

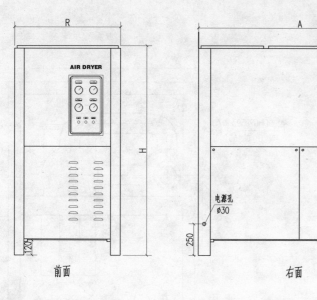

前面　　　　　　　　　　　　右面

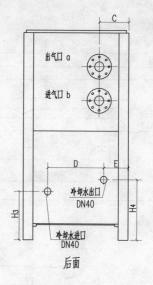

后面

说明:
处理流量29~76m³/min, 压力露点3℃.

型 号	外形尺寸										进出气口尺寸	
	A	B	C	D	E	H	H₁	H₂	H₃	H₄	a	b
IR290RCW	1650	860	240	460	200	1665	270	1107	385	480	DN100	DN100
IR350RCW	1650	860	240	460	200	1665	270	1107	385	480	DN100	DN100
IR390RCW	1750	890	250	450	220	1710	290	1186	460	555	DN100	DN100
IR450RCW	1750	890	250	450	220	1710	290	1186	460	555	DN100	DN100
IR515RCW	1860	940	260	440	250	1780	370	1188	460	555	DN125	DN125
IR580RCW	1860	940	260	440	250	1780	370	1188	460	555	DN125	DN125
IR680RCW	2100	1050	314	490	280	1910	370	1273	460	555	DN125	DN125
IR760RCW	2100	1050	314	490	280	1910	370	1273	460	555	DN125	DN125

仪表板仪表:
入口压力表
入口温度表
冷媒高压表
冷媒低压表

IR290RCW/IR760RCW水冷型冷冻式干燥机外形图

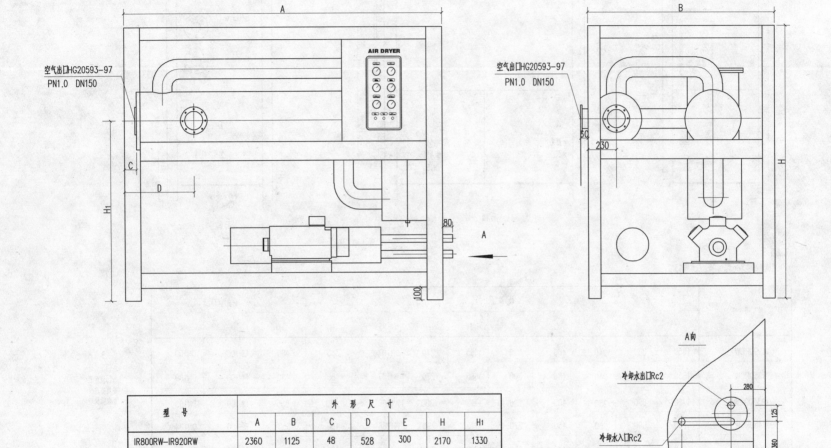

型号	外形尺寸						
	A	B	C	D	E	H	H₁
IR800RW～IR920RW	2360	1125	48	528	300	2170	1330
IR990RW～IR1280RW	2410	1450	68	548	350	2310	1390
IR1450RW	2520	1520	88	568	400	2410	1430

说明:
处理流量80～145m³/min,压力露点3℃。

IR800RCW/IR1450RCW水冷型冷冻式干燥机外形图

湿式储气罐技术规格参数表（设计温度150℃）

序号	规格	容积(m³)	设计压力(MPa)	容积内径φ	容积高度H1	容积质量(kg)	安全阀接口	排污接口	进气口 H2	进气口 DN	出气口 H3	出气口 DN	支座 D	支座 dxn
1	0.3/0.8		0.88		1660	159			655	65	1255	65		
2	0.3/1.0	0.3	1.1	600	1660	159	Rp3/4	R1/2	655	或	1255	或	420	20x3
3	0.3/1.3		1.37		1662	181			656	Rp	1256	Rp		
4	0.3/1.6		1.76		1662	184			656	11/2	1256	11/2		
5	0.5/0.8		0.88		2060	189			655		1655			
6	0.5/1.0	0.5	1.1	600	2060	189	Rp3/4	R1/2	655	65	1655	65	420	20x3
7	0.5/1.3		1.37		2062	219			656		1656			
8	0.5/1.6		1.76		2062	219			656		1656			
9	0.6/0.8		0.88		1980	218			680	65	1550	65		
10	0.6/1.0	0.6	1.1	700	1982	254	Rp3/4	R1/2	681	或	1551	或	490	24x3
11	0.6/1.3		1.43		1982	254			681	Rp	1551	Rp		
12	0.6/1.6		1.76		1982	259			681	11/2	1551	11/2		
13	1.0/0.8		0.88		2432	332			731	80	1971	80		
14	1.0/1.0	1.0	1.1	800	2432	332	Rp1	R1/2	731	或	1971		560	24x3
15	1.0/1.3		1.43		2432	332			731	Rp	1971			
16	1.0/1.6		1.76		2436	432			733	11/2	1973			
17	1.5/0.8		0.88		2822	427			736		2386			
18	1.5/1.0	1.5	1.1	900	2822	427	Rp1	R3/4	736	80	2386	80	630	24x3
19	1.5/1.3		1.43		2822	427			736		2386			
20	1.5/1.6		1.76		2826	551			738		2388			
21	2.0/0.8		0.88		2872	504			761		2411			
22	2.0/1.0	2	1.1	1000	2872	512	Rp1	R3/4	761	80	2411	80	700	24x3
23	2.0/1.3		1.43		2876	657			763		2413			
24	2.0/1.6		1.76		2876	657			763		2413			
25	2.0/0.8B		0.88		2657	575			811		2121			
26	2.0/1.0B	2	1.1	1100	2657	575	Rp1	R3/4	811	80	2121	80	770	24x3
27	2.0/1.3B		1.43		2661	739			813		2123			
28	2.0/1.6B		1.76		2661	910			813		2123			
29	2.5/0.8		0.88		2947	575			811		2461			
30	2.5/1.0	2.5	1.1	1100	2947	575	Rp1	R3/4	811	80	2461	80	770	24x3
31	2.5/1.3		1.43		2951	739			813		2463			
32	2.5/1.6		1.76		2985	910			830		2480			
33	3.0/0.8		0.88		3.97	645			856		2546			
34	3.0/1.0	3	1.1	1200	3097	651	Rp11/4	R3/4	856	100	2546	100	840	24x3
35	3.0/1.3		1.43		3101	833			858		2548			
36	3.0/1.6		1.76		3135	1036			875		2565			
37	4.0/0.8		0.88		3226	984			933		2623			
38	4.0/1.0	4	1.1	1400	3226	993	Rp11/4	R3/4	933	125	2623	125	1050	24x3
39	4.0/1.3		1.43		3260	1241			950		2640			
40	4.0/1.6		1.76		3260	1247			950		2640			
41	5.0/0.8		0.88		3756	1132			933		3033			
42	5.0/1.0	5	1.1	1400	3756	1141	Rp11/2	R1	933	125	3033	125	1050	24x3
43	5.0/1.3		1.43		3790	1428			950		3050			
44	5.0/1.6		1.76		3790	1432			950		3050			
45	6.0/0.8		0.88		4376	1321			933		3653			
46	6.0/1.0	6	1.1	1400	4376	1330	Rp11/2	R1	933	125	3653	125	1050	24x3
47	6.0/1.3		1.43		4410	1655			950		3670			
48	6.0/1.6		1.76		4410	1662			950		3670			
49	8/0.8		0.88		3806	1529			1083		2983			
50	8/1.0	8	1.1	1800	3806	1534	Rp11/2	R1	1083	150	2983	150	1350	30x3
51	8/1.3		1.37		3840	1885			1100		3000			
52	8/1.6		1.76		3844	2233			1102		3002			
53	10/0.8		0.88		3931	1760			1158		3058			
54	10/1.0	10	1.1	2000	3965	2174	Rp2	R1	1175	150	3075	150	1500	30x3
55	10/1.3		1.37		3969	2566			1177		3077			
56	10/1.6		1.76		3973	2967			1179		3079			
57	12.5/0.8		0.88		4031	2013			1208		3108			
58	12.5/1.0	12.5	1.1	2200	4065	2476	Rp2	R1	1225	150	3125	150	1650	30x4
59	12.5/1.3		1.43		4069	2924			1227		3127			
60	12.5/1.6		1.76		4077	3825			1231		3131			
61	15/0.8		0.88		4731	2322			1208		3808			
62	15/1.0	15	1.1	2200	4765	2862	Rp21/2	R1	1225	150	3825	150	1650	30x4
63	15/1.3		1.43		4769	3387			1227		3827			
64	15/1.6		1.76		4777	4455			1231		3831			
65	20/0.8		0.88		5285	3513			1375		4195			
66	20/1.0	20	1.1	2400	5289	4168	Rp3	R1	1377	200	4197	200	1800	36x4
67	20/1.3		1.43		5293	4807			1379		4199			
68	20/1.6		1.76		5297	5465			1381		4201			
69	25/0.8		0.88		6185	4056			1375		5095			
70	25/1.0	25	1.1	2400	6189	4810	Rp3	R1	1377	200	5097	200	1800	36x4
71	25/1.3		1.43		6193	5557			1379		5099			
72	25/1.6		1.76		6197	6323			1381		5101			
73	30/0.8		0.88		7174	4843			1400		6030			
74	30/1.0	30	1.1	2500	7149	5745	Rp3	R1	1402	200	6032	200	1875	26x4
75	30/1.3		1.43		7153	6652			1404		6034			
76	30/1.6		1.76		7157	7569			1406		6036